摩擦磨损实验与检测方法基础教程

张晓宇　何莉萍　曾　刚　樊小强　**主　编**

袁新璐　**副主编**

西南交通大学出版社
·成　都·

图书在版编目（CIP）数据

摩擦磨损实验与检测方法基础教程 / 张晓宇等主编.
成都：西南交通大学出版社，2025. 8. -- ISBN 978-7
-5774-0606-0

Ⅰ. TH117.1-33

中国国家版本馆 CIP 数据核字第 2025LN4683 号

Moca Mosun Shiyan yu Jiance Fangfa Jichu Jiaocheng

摩擦磨损实验与检测方法基础教程

张晓宇　何莉萍　曾　刚　樊小强　主编

策 划 编 辑	李芳芳　余崇波
责 任 编 辑	余崇波
责 任 校 对	谢玮倩
封 面 设 计	墨创文化
出 版 发 行	西南交通大学出版社
	（四川省成都市金牛区二环路北一段 111 号
	西南交通大学创新大厦 21 楼）
营销部电话	028-87600564　028-87600533
邮 政 编 码	610031
网 　 址	https://www.xnjdcbs.com
印 　 刷	成都中永印务有限责任公司
成 品 尺 寸	170 mm × 230 mm
印 　 张	7.5
字 　 数	101 千
版 　 次	2025 年 8 月第 1 版
印 　 次	2025 年 8 月第 1 次
书 　 号	ISBN 978-7-5774-0606-0
定 　 价	32.00 元

前　言

一、课程简介

摩擦学模拟实验是在可控环境下开展的摩擦学特性验证方法。针对具备摩擦学理论基础的本科生、研究生群体，"摩擦磨损实验与检测方法基础教程"课程以摩擦学理论为基石，构建系统性实验教学框架。该课程包含材料表面形貌表征、力学参数测定、工况模拟测试等全流程实验与检测模块，注重理论转化与实践创新能力培养，既要求学员通过检测技术掌握材料表面几何特征与力学性能的关联规律，又着重引导其针对典型工程磨损案例对实验方案进行自主设计，最终实现从现象观测、理论验证到工程问题解决方案推导的能力提升，有效衔接学术研究与实践应用需求。

二、实验基本要求

（1）在实验课开始之前，要求本科生、研究生必须熟悉摩擦学的有关知识。

（2）实验开始前，必须充分了解实验教程，做好实验准备。

（3）实验过程中，必须高度重视安全问题，积极主动参与实验。

（4）实验教学采取开放式教学模式，充分发挥本科生、研究生在实验过程中发现问题、探索问题及解决问题的能力。

三、考核与实验报告

实验结束后，本科生、研究生在实验老师指导下规范整理实验设备，并严格依据实验报告格式要求完成文档的编制与提交。实验老师对报告进行及时审阅与反馈，同时综合考量学生在实验操作、团队协作及问题解决等环节的现场表现，形成多维度的综合评价体系。

四、实验项目及内容提要

本书基于摩擦学基础理论和实验方法体系，系统构建了涵盖摩擦磨损理论学习、实验项目与检测项目的教学框架，通过材料表面形貌检测、显微硬度检测、微观力学性能测试等交叉学科技术手段，创新性地将基础研究与工程应用相结合，为揭示材料摩擦行为演变规律、解决工业设备磨损问题提供系统的实验方法论和技术指导。详细内容见表 0.1。

表 0.1　摩擦磨损实验课程教学框架

序号	项目名称	内容提要	学时	项目类型
1	微动摩擦磨损理论学习	微动摩擦磨损概述，微动磨损的物理与化学机理，影响微动磨损的关键因素，微动磨损的研究方法	4	理论学习
2	材料的常规摩擦磨损性能实验	学习如何使用 CETR 多功能摩擦磨损试验机检测摩擦系数	4	实验项目
3	环-块滑动磨损实验	学习如何使用 M2000 多功能摩擦磨损实验机测量金属材料在干摩擦状态下的耐磨性	6	实验项目
4	球-块滑动磨损实验	学习如何使用 MXW-1 型旋转往复摩擦磨损试验机测量金属材料在干摩擦状态下的摩擦磨损性能	6	实验项目
5	材料高温、低温及交变载荷微动磨损实验	学习如何使用 MFC-01 型多功能摩擦磨损试验机测量金属材料在高温、低温、交变载荷及溶液环境下的摩擦磨损性能	8	实验项目
6	材料表面形貌参数检测	学习如何使用轮廓仪和激光共焦显微镜检测表面形貌参数	6	检测项目

序号	项目名称	内容提要	学时	项目类型
7	材料显微硬度检测	学习如何使用 Akashi-H21 显微硬度仪检测材料硬度	4	检测项目
8	材料的微观力学性能检测	学习如何使用 CSEM 纳米压痕/划痕仪检测薄膜硬度、摩擦系数和耐磨性	6	检测项目
9	磨损量检测	学习如何使用分析天平、轮廓仪和激光共焦显微镜检测磨损量	4	检测项目
10	润滑剂抗磨和承载能力检测	学习如何使用四球摩擦试验机检测润滑剂承载能力，包括最大无卡咬负荷 P_B、烧结负荷 P_D、综合磨损值 ZMZ 等	6	检测项目

五、编写分工与感谢

本书由西南交通大学张晓宇高级实验师负责整体框架设计与统稿，西南交通大学何莉萍老师和曾刚老师主导摩擦磨损性能测量的核心实验设计与数据分析，成都大学机械工程学院袁新璐老师负责在高温、低温及交变载荷作用下微动磨损实验的设计与编写，西南交通大学樊小强教授指导摩擦磨损理论编写。值得一提的是，本书所涉及的系列实验研究，得到了国家自然科学基金面上项目"核辐照影响锆合金的微动磨损特性研究"（项目编号：51775459）的资助，在此向所有为本书付出努力的人员，包括参与审校的成员以及给予支持的家人，致以最诚挚的谢意。

编　者

2025 年 2 月

目　录

第一篇
摩擦磨损理论知识

项目一 微动摩擦磨损理论学习

一、微动摩擦磨损概述

1. 定义与特征

微动摩擦磨损是指两个接触表面在微小振幅（通常为几微米至几百微米）的相对往复运动下，因循环切向力或振动载荷导致的表面材料渐进性损伤与失效的现象。其核心特征包括接触界面的局部滑移、反复黏着-剪切作用，以及环境介质的协同影响。这种磨损机制的特殊性在于，尽管微动摩擦磨损运动幅度极小，但高频率的循环载荷会引发接触区域应力集中，导致表面及亚表层产生一系列变化，比如微裂纹萌生与扩展、塑性变形层累积、氧化层动态破裂与再生，同时伴随磨屑的生成、溢出，以及磨屑在接触区域的二次碾压作用，最终这些变化表现为材料体积损失、表面粗糙度增加或疲劳失效。

2. 典型应用场景

微动摩擦磨损常发生在诸如机械紧固件（如螺栓、铆钉）、轴承、人工关节等存在轻微振动或周期性变形的工程界面，如图 1.1 所示。其损伤过程具有隐蔽性强、损伤位置局限、多机理耦合（黏着磨损、氧化磨损、疲劳磨损共存）等特点，且磨损速率受材料硬度、表面涂层状况、润滑条件、环境湿度及温度等因素影响，尤其在铝合金等软质材料中易因磨屑氧化形成硬质第三体，加剧表面剥落与分层失效现象，严重影响部件的使用寿命与性能。

图 1.1　微动摩擦磨损典型场景

3. 分　类

微动摩擦磨损可根据运动模式、接触状态、环境条件及材料响应等多维度进行分类。具体分类情况如下：

（1）基于运动模式，微动摩擦磨损主要分为切向微动（相对滑动方向平行于接触面，如螺栓连接界面）、径向微动（接触面法向周期性压缩-松弛，如轴承配合面）、扭动微动（接触面绕垂直轴的小角度往复旋转，如涡轮叶片榫槽配合面）以及转动微动（接触点伴随滚动与滑移复合运动，如齿轮啮合边缘），其中切向微动因界面剪切应力集中，更易引发疲劳裂纹的产生。如图 1.2 所示为各种微动磨损的原理图。

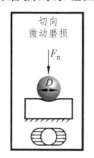 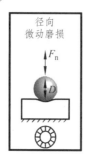 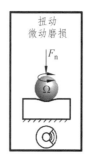 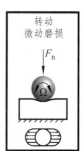

（a）切向微动　（b）径向微动　（c）扭动微动　（d）转动微动

图 1.2　基于运动模式的各种微动

（2）基于接触状态，微动摩擦磨损可分为部分滑移区（接触边缘局部滑移而中心黏着，受赫兹接触应力分布影响）与完全滑移区（整体界面滑移，常见于高载荷或低摩擦系数工况）。两种磨损机制差异显著，部分滑移区因应力梯度，易产生表面剥落，而完全滑移区以磨粒磨损和氧化磨损为主。

（3）基于环境与材料响应，微动摩擦磨损可分为氧化主导型磨损（潮湿或高温环境下铝表面生成 Al_2O_3 氧化膜，其破裂-再生循环过程会加速材料损失）、黏着-转移型磨损（铝与对磨材料间通过原子键合导致材料转移，常见于真空或惰性气氛环境）、疲劳分层型磨损（交变应力下亚表层位错堆积，引发裂纹萌生，多发生于高周次微动情形）以及第三体磨损（磨屑在界面形成润滑或磨削介质，如在铝基复合材料中，硬质颗粒会加剧磨痕的产生）。

（4）基于载荷与变形行为，微动摩擦磨损可分为弹性微动（低载荷下接触变形可逆，磨损率较低）与塑性微动（高载荷引发塑性流动现象，伴随严重表面犁沟与材料挤出问题）。

这些分类并非完全独立，实际工程中常呈现多种机制的耦合作用，例如高铁铝制铰链件在振动环境中可能同时经历切向-径向复合微动，并伴随氧化膜动态破裂与疲劳裂纹扩展所带来的协同损伤。

二、微动磨损的物理与化学机理

1. 各类磨损机理

磨损机理是指在磨损过程中材料是如何从表面破坏和脱落的，其涉及磨损过程中接触表面发生的物理/化学变化，特别是力学方面的变化（如力的分布、大小和方向及其在表层和次表层发生的作用），以及磨屑的形成和脱落。研究磨损机制和类型有利于根据不同失效类型采取相应的技术对策，以降低磨损，具有重要的实际意义。

磨损是众多因素相互影响的复杂过程，可以从不同的角度来对磨损进行分类，其中基于磨损的破坏机理进行分类的方法比较常用，一般可将磨损分为黏着磨损、磨粒磨损、表面疲劳磨损、腐蚀磨损和微动磨损五类。各类磨损的具体机理如下：

（1）黏着磨损：相对滑动的摩擦表面由于接触点的黏着和剪切而造成材料从一个表面转移到另一表面或形成磨屑的一种磨损形式。

（2）磨粒磨损：硬的磨粒或凸出物在与工件表面摩擦的过程中，使材料表面发生磨耗的现象。磨粒磨损的产生机理主要包括微量切削、疲劳破坏、压痕破坏和断裂等。

（3）表面疲劳磨损：两接触表面在交变接触压应力的作用下，材料表面因疲劳而产生物质损失。

（4）腐蚀磨损：零件表面在摩擦的过程中，表面金属与周围介质发生化学或电化学反应，因此出现的物质损失。

（5）微动磨损：两接触表面间没有宏观相对运动，但在外界变动负荷影响下，有小振幅（<100 μm）的相对振动，此时接触表面间产生大量的微小氧化物磨损粉末，从而造成磨损。微动磨损是一种兼有磨粒磨损、黏着磨损和氧化磨损的复合磨损形式。

2. 界面接触力学

微动磨损的界面接触力学涉及接触表面在微小相对运动下的应力分布情况、材料变形行为及响应机制。其关键要点是明晰在循环载荷作用下，接触区域的局部应力状态与材料失效之间存在何种联系。

（1）在初始接触阶段，根据赫兹接触理论，两个粗糙表面在法向载荷作用下形成弹性接触斑。此时，接触压力呈半椭球形状分布，最大接触应力位于接触中心。但随着切向微动位移的施加，接触边缘会因剪切应力集中最先进入塑性变形状态，导致位错增殖与晶界滑移，进而引发亚表层萌生裂纹。

（2）在稳定磨损阶段，接触界面因反复剪切作用形成磨屑堆积层（第三体）。此时接触力学行为由固体-固体接触转变为固体-磨屑-固体多相作用，磨屑的流动性、压实状态及氧化程度将显著影响摩擦系数与能量耗散。例如，致密氧化铝磨屑可能起到润滑作用，而松散金属颗粒则加剧磨粒磨损。

（3）在损伤累积阶段，接触应力场会发生动态重分布，使得裂纹沿最大剪应力方向扩展。当裂纹尖端应力强度因子超过材料断裂韧性时，材料会发生分层剥落现象，从而在宏观上形成磨损坑。

为了准确描述界面接触力学行为，所建立的模型需综合考虑弹塑性本构关系、摩擦热-力耦合效应及表面形貌演化过程。例如，采用 Archard 修正公式引入局部滑移幅值与接触压力非线性关系，或通过有限元仿真模拟多轴应力状态下裂纹扩展路径，以此更精确地反映实际的磨损过程。

3. 材料损伤机制

微动磨损中的材料损伤机制是一个多阶段、多物理场耦合的复杂过程，其本质是接触界面在微小振幅循环载荷作用下出现的局部应力集中、材料塑性变形及环境交互作用的动态演变。

（1）在初始阶段，接触表面微凸体在法向载荷与切向振动的共同作用下发生弹性-塑性变形，导致位错在亚表层晶格内滑移并形成位错缠结，尤其在铝这类延展性金属中，位错运动更为显著，易引发晶界处的应力集中。随着循环次数增加，位错累积突破临界值后，裂纹优先在晶界、夹杂物或第二相粒子处形核，并沿着最大剪切应力方向扩展。同时，界面摩擦生热促使铝表面氧化膜（如 Al_2O_3）反复生成与破裂，氧化磨屑在接触区堆积形成第三体，其中一部分磨屑被压实成硬质颗粒，加剧了磨粒磨损，而另一部分随振动排出，导致材料持续流失。

（2）在铝的微动磨损过程中，氧化膜的力学性能（如脆性）与基体的塑性差异，进一步加速了裂纹扩展。当界面剪切力>氧化膜与基体的结合强度时，膜层会破裂，使新鲜金属表面暴露。这些新鲜表面在高接触应力下重新黏着并撕裂，形成黏着磨损与氧化磨损协同的效应。

（3）环境介质（如湿度、温度）通过改变界面摩擦化学反应影响损伤进程，例如水分子吸附会降低铝的表面能，促进裂纹尖端出现氢脆现象，而高温则可能引发动态再结晶，改变亚表层材料的硬化/软化平衡。

最终，损伤机制呈现"塑性变形主导→裂纹萌生→氧化与磨屑交互作用→疲劳断裂"的链式反应，且损伤速率受控于载荷幅值、频率、材料微观结构（如晶粒尺寸、结构）及界面润滑状态的非线性耦合关系。

4. 环境效应

微动磨损中的环境效应表现为外界介质（如湿度、温度、氧气浓度、腐蚀性液体或气体）与机械载荷的协同作用对接触界面损伤机制的动态调控，其核心在于环境因素通过改变材料表面化学状态、摩擦热分布及界面第三体行为，加速或抑制磨损进程。

（1）在氧化性环境中，金属铝表面因微动摩擦热激活氧化反应生成 Al_2O_3 膜。初期氧化膜可降低直接金属接触黏着，但因循环载荷下氧化膜的脆性与基体塑性变形不匹配，将导致膜层反复破裂-再生，产生硬质氧化磨屑（尺寸为 $1 \sim 10\ \mu m$）。这些磨屑在接触区堆积并参与二次磨粒磨损，会显著提升磨损率。

（2）湿度的影响具有双重性：一方面水分子吸附在铝表面形成润滑膜，短暂降低摩擦系数，另一方面水渗透至裂纹尖端引发氢脆（H^+ 在应力梯度下扩散至晶界，弱化原子键合力），促进裂纹沿晶扩展，同时潮湿环境加剧磨屑的水合反应生成凝胶状 $Al(OH)_3$，改变界面接触刚度并诱发非均匀磨损。

（3）腐蚀性介质（如含 Cl^- 的盐雾环境）与微动协同作用时，机械磨损会破坏钝化膜，使新鲜金属表面暴露，Cl^- 优先吸附于缺陷处引发点蚀，形成局部电化学腐蚀坑（深度可达数十微米）。腐蚀坑作为应力集中源将加速疲劳裂纹萌生，而腐蚀产物（如 $AlCl_3$ 水解产物）会进一步软化基体，形成"腐蚀-磨损"正反馈循环。

（4）高温环境（$>150\ ℃$）下铝基体发生动态回复与动态再结晶，亚表层位错密度降低导致加工硬化能力减弱，同时氧化膜增厚并因热膨胀系数（CTE）差异（Al_2O_3 与 Al 的 CTE 分别为 $8×10^{-6}/℃$ 和 $23×10^{-6}/℃$）诱发热应力裂纹，加速材料剥落。

（5）在极端环境（如真空或惰性气体）中，由于氧气与水分的匮乏，铝表面难以形成氧化膜，界面金属直接接触占比升高，使黏着效应在磨损过程中占据主导地位，材料转移与冷焊现象加剧。然而，由于不存在氧化作用，磨屑更容易被压实形成致密层，反而可能短暂降低磨损率。

综上所述，对环境效应的非线性特征要求研究需综合运用原位表征技术（如摩擦过程中电化学阻抗谱监测）与多物理场耦合模型（热-力-化学场交互作用），以量化环境参数阈值（如临界湿度、腐蚀离子浓度）对损伤模式的切换机制。

三、影响微动磨损的关键因素

1. 材料特性

材料特性对微动磨损的影响根植于其力学性能、微观结构与环境响应的协同作用中，其中硬度、韧性、弹性模量及表面化学稳定性构成核心要素。

（1）高硬度材料（如陶瓷或渗碳钢）通过减少接触面的塑性变形抑制黏着磨损，但过高的硬度伴随脆性增加反而可能加速裂纹萌生，尤其在循环应力下，硬质相与基体界面（如碳化物/铁素体）因弹性模量差异形成应力集中，极易诱发疲劳剥落；而韧性材料（如钛合金或奥氏体不锈钢）通过位错滑移与孪晶吸收能量，从而延缓裂纹的扩展，但其较低的屈服强度易在微动初期因黏着效应容易出现材料转移与磨屑生成的情况。

（2）材料的弹性模量直接影响接触区应力分布。高模量材料（如钨合金）会减小真实接触面积，从而降低局部接触应力，但微动过程中的微小滑移可能因弹性变形恢复不足引发界面"黏滞-滑动"振荡，加剧摩擦热积累；低模量材料（如铝合金）则因接触区变形大，会促进氧化膜破裂与亚表层位错堆积，加速疲劳损伤。

（3）微观结构中的晶粒尺寸与取向对磨损路径有着显著的调控作用。细晶材料（如纳米晶镍）通过晶界强化阻碍裂纹扩展，但晶界氧化敏感性（如铝的晶界富氧）可能削弱其优势；多相材料（如双相钢）中硬质相（马氏体）与软相（铁素体）的协调变形可分散应力，但相界面易成为裂纹优先扩展通道。

（4）表面化学特性（如氧化膜生成速率与结合强度）决定了材料与环境交互作用的强度。铝表面快速生成的 Al_2O_3 膜，虽能短暂抑制金属直接接触，但其脆性与基体热膨胀系数差异导致膜层在微动剪切下反复破裂，释放的磨屑（Al_2O_3 颗粒）参与三体磨损。相比之下，钛合金表面的致密 TiO_2 膜则因高结合强度与塑性变形能力，表现出更优的抗微动氧化磨损性能。

（5）材料的热导率与热膨胀系数影响摩擦热耗散与热应力分布。铜的高热导率可快速降低界面温度，抑制热软化与氧化反应，但其高热膨胀系数在温度波动下会加剧接触应力振荡。陶瓷材料（如 SiC）的低热膨胀系数虽有利于热稳定性，但其低断裂韧性易导致灾难性剥层磨损。

综上所述，材料特性需通过硬度-韧性平衡、微观结构优化及表面化学改性实现微动磨损抗性的协同提升，例如采用梯度纳米晶涂层（表层高硬度、亚表层高韧性）或添加自润滑相（如 MoS_2 掺杂）以同时抑制黏着、氧化与疲劳机制的耦合损伤。

2. 工况参数

工况参数对微动磨损的调控作用源于其对接触界面力学状态、能量输入及损伤演化的直接干预，其中法向载荷、切向振幅、振动频率、循环次数及接触形式构成核心变量。

（1）法向载荷决定接触区真实接触面积与应力水平。低载荷（如 <10 N）下表面微凸体以弹性接触为主，磨损形式主要为氧化磨损与轻微黏着。随着载荷增加（如 50～200 N），塑性变形区扩展至亚表层（深度为 10～50 μm），位错增殖与晶格畸变加剧，诱发疲劳裂纹在晶界或第二相粒子处形核。

（2）切向振幅（通常 0.1～100 μm）能够划分微动模式。当振幅低于临界滑移阈值（如<5 μm）时，接触区中心保持黏着状态（部分滑移区），边缘发生弹性微滑移，裂纹沿最大剪切应力方向萌生但扩展受限。振幅超过阈值（如>20 μm）时，进入完全滑移区，界面摩擦热显著升高（局部温度可达 200～500 ℃），氧化膜动态生成-破裂周期缩短，硬质磨屑（如金属氧化物颗粒）加速三体磨损，同时交变剪切应力驱动裂纹穿透亚表层形成片状剥落。

（3）振动频率（1～1 000 Hz）通过影响能量输入速率与热量积累来调控损伤机制。低频（如 1～10 Hz）下摩擦热易通过材料热传导耗散，氧化反应速率较慢，但单次滑移周期内材料塑性变形更充分，促进位错塞积与裂纹稳态扩展。高频（如 200～1 000 Hz）下热流密度剧增引发局部热软化（如铝合金在高温下屈服强度下降 30%～50%），加速黏着磨损并诱发热疲劳裂纹，同时高频振动导致磨屑排出不充分，压实层增厚引发接触应力重新分布。

（4）循环次数决定损伤累积的非线性特征。初期（如 10^3～10^4 次循环）以表面粗糙度降低与氧化膜破碎为主，磨损率较高。中期（10^4～10^6 次）进入稳态磨损阶段，磨屑层形成暂时保护作用，磨损率下降。后期（>10^6 次）亚表层疲劳裂纹扩展至临界尺寸，发生突发性材料剥落（磨损深度呈指数增长）。

（5）接触形式（球-平面、平面-平面或交叉圆柱）通过应力场分布影响损伤模式。球-平面接触因赫兹应力集中（最大剪切应力位于亚表层约 0.3r 处，r 为接触半径）促进环状裂纹萌生，而平面-平面接触的均匀应力分布更易引发大面积氧化层分层。

（6）界面润滑状态（干摩擦、边界润滑或流体润滑）通过改变摩擦系数（0.1～1.2）调控能量耗散路径。润滑剂膜可抑制氧化磨屑生成并降低界面温升，但部分添加剂（如含 S、P 极压剂）可能与金属表面发生摩擦化学反应，形成软质剪切层（如 FeS）而延缓裂纹扩展，或引入腐蚀性成分（如 Cl$^-$）而加速应力腐蚀开裂。

综上所述，工况参数间的非线性耦合（如高载荷+高频率引发热-力耦合失效）要求通过多轴疲劳模型与能量耗散准则来量化损伤阈值，例如采用摩擦功密度（单位面积累积能量）作为跨尺度损伤预测的核心判据。

3. 环境条件

环境条件对微动磨损的调控作用源于其与材料表面化学活性及力学行为的复杂交互，具体表现为温度、湿度、腐蚀性成分、氧化性介质及压力环境的耦合效应。

（1）高温（>200 ℃）加速氧化动力学过程，如不锈钢在含氧环境中微动接触区因摩擦热诱导 Cr_2O_3 氧化膜增厚（速率达 0.1～1 μm/h），但热膨胀系数失配（Cr_2O_3 与基体的 CTE 差约 $5×10^{-6}$/ ℃）导致膜层内产生环状裂纹，同时高温软化基体（如镍基合金在 600 ℃ 下硬度下降 40%）促进塑性变形与磨屑生成。低温（低于 -50 ℃）则通过抑制位错运动增强材料脆性，如钛合金在液氮温度下微动界面因缺乏塑性协调能力引发解理断裂，磨损率较室温升高 3～5 倍。

（2）湿度通过水分子吸附与渗透双重路径影响损伤机制。例如，相对湿度 60% 以上时，铝合金表面形成 2～5 nm 厚吸附水膜，降低黏着倾向（摩擦系数从 0.8 降至 0.4），但水膜侵入微裂纹尖端引发氢脆（H$^+$ 浓度梯度扩散速率达 10^{-11} m²/s），促进沿晶断裂扩展。而在干燥环境（湿度<10%）中，金属直接接触比例升高，钛合金界面因剧烈黏着产生片状磨屑（尺寸达 50～100 μm），同时缺乏水润滑

导致摩擦热积聚（局部温度跃升 300 ℃ 以上）。

（3）腐蚀性介质（如 Cl^-、SO_4^{2-}）通过电化学-机械协同作用加速损伤。例如，304 不锈钢在 3.5%NaCl 溶液中微动时，机械磨损破坏钝化膜，Cl^- 优先吸附于新生金属表面（吸附能约 $-50\ kJ/mol$）引发点蚀（蚀坑密度达 $10^5/cm^2$），此时，蚀坑底部应力集中系数 $K_t>3$，驱动疲劳裂纹形核，而腐蚀电流密度（$10^{-3} \sim 10^{-3}\ A/cm^2$）与磨损率呈指数关系。而酸性环境（pH<2）中 H^+ 的阴极还原反应与微动剪切耦合，会导致镁合金表面发生氢致开裂（裂纹扩展速率>$10^{-8}\ m/s$），同时腐蚀产物[如 $Mg(OH)_2$]在接触区堆积引发磨粒磨损二次损伤。

（4）氧化性气体（如 O_2、CO_2）通过改变界面第三体特性影响磨损进程。例如，镍基合金在纯氧环境中微动时，摩擦热激发剧烈氧化生成 NiO 与 $NiCr_2O_6$ 尖晶石结构混合层（厚度约 10 μm），此时，硬质氧化物（HV 800～1200）作为磨粒加剧犁沟效应，而在惰性气体（如 Ar）中因缺乏氧化膜保护，界面金属转移量增加 3 倍以上。高真空环境（<10^{-3} Pa）会消除氧化与吸附效应，铜-钢接触界面因原子级洁净表面引发冷焊（接合强度达基材 80%），但超高真空（<10^{-6} Pa）下磨屑难以氧化形成润滑层，导致黏着磨损为主导（磨损率比空气环境高 2 个数量级）。

（5）环境压力通过改变气体传质速率调控氧化膜生成。例如，航空涡轮叶片在低压（20 kPa）高温环境中，合金表面 Al_2O_3 膜生长速率下降 70%，局部氧化不足区域（如涂层缺陷处）成为微动裂纹优先萌生点。

多因素耦合时（如高温+高湿+Cl^-），环境效应呈现非线性叠加，需通过原位电化学噪声监测与微区成分分析（如 ToF-SIMS）来解析腐蚀-磨损交互作用的临界阈值（如 Cl^- 浓度>0.1 mol/L 时磨损率突变），并设计梯度化表面防护（如微弧氧化+PTFE 复合涂层）以阻断环境-力学协同损伤链。

4. 表面形貌与粗糙度

表面形貌与粗糙度对微动磨损的调控机制源于其对接触界面应力分布、摩擦能量耗散及第三体行为的动态影响，具体表现为初始粗糙峰几何特征、表面纹理取向及运行中形貌演化等的协同作用。

（1）初始表面粗糙度参数（如算术平均偏差 R_a、峰谷高度 R_z）通过真实接触面积占比（仅占总表观面积的 0.01% ~ 1%）决定局部接触应力集中程度。高粗糙度表面（$R_a>1.6\ \mu m$）因微凸体塑性压溃产生微裂纹（深度为 5 ~ 20 μm），而低粗糙度表面（$R_a<0.2\ \mu m$）因大面积弹性接触引发黏着效应，但经喷砂或激光毛化处理的特定粗糙度（$R_a=0.4 ~ 0.8\ \mu m$）可通过优化峰顶曲率半径（5 ~ 50 μm）分散应力，延缓疲劳损伤。

（2）表面纹理方向与微动滑移方向的夹角 θ 显著改变摩擦能量传递路径。当沟槽纹理与滑移方向平行（$\theta=0°$）时，磨屑沿沟槽定向排出，减少三体磨损的犁沟效应。当纹理垂直（$\theta=90°$）时，微观机械互锁作用增强，摩擦系数升高 20% ~ 40%，同时周期性剪切导致亚表层位错胞结构（尺寸为 0.1 ~ 0.5 μm）沿纹理界面累积。

（3）微凸体几何形态（尖锐/圆钝）直接影响磨损模式。金字塔形微凸体（顶点角<90°）在法向载荷下引发深度犁削（划痕宽度达 10 ~ 30 μm），而半球形微凸体通过弹性变形储存能量，在切向振动中释放引发黏滑振荡（频率为 1 ~ 10 kHz），加速氧化膜分层剥离。

（4）表面形貌的动态演化(运行中粗糙度降低率为 30% ~ 70%)通过自组织机制形成适应性磨损轨迹。初始阶段（循环次数<10^3）微凸体断裂由塑性流动主导，R_a 值快速下降；稳态阶段（$10^3 ~ 10^6$ 次循环）磨屑层（厚度 1 ~ 5 μm）填充谷底形成类光滑接触，但局部硬质磨屑（如 Al_2O_3、Fe_3O_4）嵌入软基体引发微观切削，导致磨损率二次上升。

（5）多尺度形貌特征（宏观波纹度+微观粗糙度）耦合影响接触疲劳寿命。波长 100 ~ 300 μm 的宏观波纹（幅值为 2 ~ 10 μm）在微动中诱导交变弯曲应力，使裂纹优先在波谷处萌生（应力强度因子 $\Delta K > 5\ \mathrm{MPa \cdot m^{1/2}}$），而亚微米级纳米织构（如激光加工直径 $20 \sim 50\ \mu\mathrm{m}$ 的凹坑阵列）通过捕获磨屑与降低有效滑移距离（减少 $30\% \sim 50\%$）抑制裂纹扩展。

（6）表面处理技术（如化学机械抛光、微弧氧化）通过重构形貌-成分耦合特性调控磨损机制。微弧氧化层多孔结构（孔隙率 $15\% \sim 30\%$）虽增加初始粗糙度（ $R_a = 1.2 \sim 2.5\ \mu\mathrm{m}$ ），但孔洞作为应力释放点可阻断裂纹贯通路径，同时通过表面原位生成的陶瓷相（如 $Al_2O_3\text{-}TiO_2$ 复合层）硬度梯度分布（表层 HV 1 200→界面层 HV 400）实现载荷柔性过渡，使磨损模式从脆性剥层转向轻微磨粒磨损。

（7）表面形貌与润滑剂的协同作用进一步复杂化损伤行为。抛光表面（ $R_a < 0.1\ \mu\mathrm{m}$ ）在油脂润滑下易形成连续流体膜（厚度 $0.1 \sim 1\ \mu\mathrm{m}$ ），但高粗糙度表面（ $R_a > 0.4\ \mu\mathrm{m}$ ）通过毛细效应吸附润滑剂形成边界膜，其抗微动磨损性能受控于表面形貌参数与润滑剂黏压系数的匹配度（最优 $R_a \approx 0.3\ \mu\mathrm{m}$ 时磨损率最低）。

综上所述，表面形貌与粗糙度的优化需结合接触力学响应、材料转移特性及第三体动态平衡进行多目标设计，例如通过飞秒激光制备跨尺度复合织构（微米级凹坑+纳米级枝晶）可实现应力耗散、磨屑存储与氧化抑制的协同增效。

四、微动磨损的研究方法

1. 实验手段

微动磨损的实验研究方法通过多尺度、多物理场耦合的测试手段揭示界面损伤的动态机制，核心包括定制化实验装置、原位监测技术及跨尺度表征体系等。

（1）专用微动磨损试验机（如球-盘式、平面-平面接触式）可精确控制法向载荷（$0.1 \sim 500$ N）、切向振幅（$1 \sim 300$ μm）、振动频率（$1 \sim 2\,000$ Hz）及循环次数（$10^3 \sim 10^8$ 次），并集成多轴力传感器（分辨率达 0.01 N）与高精度位移反馈系统（± 0.1 μm），实现摩擦系数（$0.05 \sim 1.5$）、滑移率（$0 \sim 100\%$）及能量耗散率的实时计算。而高频动态响应测试系统（如压电式激振器）结合高速数据采集卡（采样率 >1 MHz）可捕捉微秒级黏滑瞬态行为（特征频率 $10 \sim 50$ kHz），同步记录界面声发射信号（频带 $20 \sim 400$ kHz）以关联裂纹萌生与能量释放事件。

（2）原位观测技术采用共聚焦显微系统（分辨率 0.1 μm）或高速摄像机（帧率 $>10^5$ 帧/s）实时追踪接触区形貌演化，结合数字图像相关技术（DIC）量化亚表面应变场分布（应变分辨率 10^{-6}）。而微区电化学工作站（如扫描 Kelvin 探针）可同步监测磨损过程中局部电位波动（灵敏度 1 mV）与氧化膜破裂-再生动力学。

（3）表面/界面表征体系涵盖宏观至原子尺度。白光干涉仪与原子力显微镜（AFM）量化磨损体积（精度 0.1 nm³）及三维形貌参数（如 S_a、S_{dr}），聚焦离子束（FIB）切割结合透射电镜（TEM）解析亚表层位错结构（密度 $10^{10} \sim 10^{12}$ m⁻²）、纳米晶化层（晶粒尺寸 $5 \sim 50$ nm）及裂纹扩展路径（偏转角度 $30° \sim 60°$），而飞行时间二次离子质谱（ToF-SIMS）与 X 射线光电子能谱（XPS）深度剖析（深度分辨率 1 nm）揭示摩擦化学产物（如金属氧化物、硫化物）的梯度分布及化学键态演变（如 Fe^{2+}/Fe^{3+} 比例）。

（4）环境模拟模块集成温控单元（$-196 \sim +1\,000$ ℃）、湿度调节器（$10\% \sim 95\%$RH）及介质循环系统，可在腐蚀液（如 3.5%NaCl 溶液）、真空（$<10^{-5}$ Pa）或高压气体（10 MPa）中复现极端工况下的微动-腐蚀协同效应。同时，结合在线电感耦合等离子体（ICP）分析磨屑离子浓度（检出限 0.1×10^{-9}）可定量评估材料流失速率。

（5）动态参数标定技术通过纳米压痕（载荷 $0.1 \sim 500$ mN）映射接触区硬度/模量梯度（空间分辨率 1 μm），通过微划痕测试（速度 1 ~ 100 μm/s）表征界面结合强度（临界载荷 1 ~ 100 mN）。而红外热像仪（热灵敏度 20 mK）与光纤光栅传感器（测温精度 0.1 ℃）通过构建接触区瞬态温度场模型（最高温升 300 ~ 800 ℃），可揭示热-力耦合诱发的相变（如马氏体转变）与热软化效应（屈服强度降幅范围为 30% ~ 60%）。

（6）标准化测试流程（如 ASTM D7755）与非标定制实验（如多轴微动疲劳测试）相结合，为工程选材与表面优化提供全工况数据库支持。

2. 数值模拟方法

微动磨损的数值模拟方法通过多尺度、多物理场耦合的建模策略揭示接触界面的动态损伤机制，核心包括连续介质力学框架、离散元模型及原子尺度模拟的协同应用。

1）有限元法

有限元法（FEM）基于弹塑性本构模型（如 Johnson-Cook、Chaboche 模型）构建接触对几何（网格尺寸 0.1 ~ 100 μm），采用增广拉格朗日算法求解接触压力分布（精度达 1 MPa），结合 Archard 磨损模型（磨损系数 $k=10^{-6} \sim 10^{-3}$）实现磨损深度（分辨率 0.01 μm）与表面形貌演化的迭代预测，并嵌入晶体塑性有限元（CPFEM）模块解析晶粒尺度滑移带演化（Schmid 因子>0.4 的区域优先产生位错堆积）。扩展有限元法（XFEM）通过引入裂纹尖端渐进函数（如 J 积分>50 kJ/m²）模拟微动疲劳裂纹萌生（初始缺陷尺寸为 5 ~ 20 μm）与扩展路径（偏转角度为 30° ~ 60°），结合 Cohesive Zone 模型（界面强度为 200 ~ 800 MPa）预测分层失效。

2）离散元法

离散元法（DEM）采用 Hertz-Mindlin 接触理论模拟磨屑颗粒（直径 1 ~ 100 μm）的生成、迁移与第三体层形成（孔隙率 15% ~ 40%），通过黏结粒子模型（黏结强度 1 ~ 10 MPa）再现磨屑团聚体的破碎动力学（破碎能>1 mJ），结合计算流体动力学（CFD）耦合分析润滑剂渗流（雷诺数<1）对界面摩擦热的耗散效应（温度梯度>100 ℃/mm）。

3）分子动力学模拟

分子动力学（MD）模拟以 EAM（嵌入原子法）势函数（如 Fe-C、Al-O 体系）构建纳米尺度接触模型（原子数>10^6），时间步长 0.1～1 fs 下捕捉位错形核（Burgers 矢量密度>10^{14} m^{-2}）、界面原子混合（扩散系数 10^{-19}～10^{-16} m^2/s）及摩擦诱导非晶化（短程有序参数<0.2）等原子机制，并通过 ReaxFF 反应力场量化氧化磨损中 O_2 分子吸附解离（活化能 0.5～2 eV）与金属氧化物（如 Cr_2O_3、Fe_3O_4）生长的动力学过程（氧化速率 0.01～1 nm/s）。

4）多尺度建模

多尺度建模采用并发耦合策略（如 FE-MD），通过 Handshake 区域（宽度 2～5 nm）实现宏观应力场（$\sigma > 1$ GPa）向原子模型的载荷传递，并反向反馈位错运动对宏观塑性应变的贡献（$\varepsilon_p > 5\%$）。相场法（PFM）通过序参量演化方程（Allen-Cahn 型）模拟磨损过程中多相组织（如马氏体/奥氏体）竞争生长（界面能 $\gamma = 1～5$ J/m^2）与裂纹尖端相变屏蔽效应（$\Delta G < -100$ kJ/mol），结合化学势驱动模型预测腐蚀-磨损耦合作用下材料溶解速率（电流密度>10^{-4} A/cm^2）。边界元法（BEM）利用快速多极算法[计算复杂度 $O(n \log n)$]高效求解三维粗糙表面接触问题（接触点数>10^6），结合快速傅里叶变换（FFT）卷积技术反演真实接触面积波动（波动幅度 ±30%）对微动能量耗散的影响（功率密度>10^6 W/m^2）。数据驱动建模依托机器学习算法（如 PINNs 物理信息神经网络）融合实验数据（磨损率、摩擦系数）与物理方程（能量守恒、质量损失），构建磨损深度预测代理模型（$R^2 > 0.95$），并通过敏感性分析识别关键参数（如表面粗糙度 R_a、载荷幅值 ΔF）的非线性权重（贡献度>80%）。

模型验证通过跨尺度对比实现：宏观尺度对比 Q3D 数字体积相

关（DVC）测量的亚表面应变场（误差＜5%），介观尺度关联 TEM 观测的位错结构（密度误差<10^{10} m^{-2}），原子尺度校准 MD 模拟的氧化膜厚度（偏差<3 个原子层）。高性能计算（HPC）采用 GPU 加速（CUDA 架构）将亿级网格模型的求解时间从月级压缩至小时级，支撑全工况参数空间探索（如振幅-频率-温度三维图谱）。

【扩展学习】

魏驰翔[1]采用分子动力学模拟研究单晶 Zr（0001）面的摩擦磨损行为受不同温度（300 K、400 K 和 500 K）、摩擦速度（0.01 nm/s、0.02 nm/s 和 0.04 nm/s）和载荷（25 nN、50 nN 和 100 nN）等因素的影响。图 1.3 为单晶 Zr 摩擦磨损的分子动力学模型，通过分析摩擦力和磨损量随位移变化的动态响应图，研究了摩擦力和磨损量变化的过程和特点，并且运用可视化软件分析了摩擦过程中 Zr 基体的弹塑性变形行为，磨屑、黏附和脱附原子的产生和分布，位错环的形成过程及其特点。

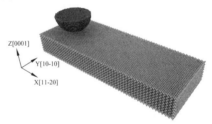

（a）分子动力学模型三维图示

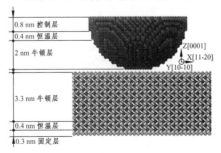

（b）分子动力学模型环境设置

图 1.3　单晶 Zr 摩擦磨损的分子动力学模型

朱科浩[2]建立了一系列粗糙体-平面接触模型（见图1.4），并利用分子动力学模拟方法实现了纳米尺度下不同滑移速度（0.01 nm/s、0.02 nm/s 和 0.04 nm/s），总距离 15 nm 的摩擦滑移过程；研究基体晶体取向、平均晶粒尺寸以及粗糙体尺寸对纳米晶体锆摩擦磨损行为的影响；对锆基体摩擦力响应、磨损量变化进行了计算和分析；利用接触区域原子测量、应力应变及晶体位错理论分析等方法，研究了材料内部塑性变形行为机理。

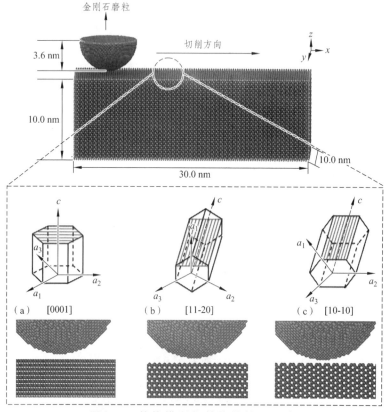

图 1.4　整体模型与基体接触面示意

龙东旭[3]基于多晶锆基体，结合分形理论建立了单粗糙峰-粗糙基体的接触模型（见图1.5），尽可能使仿真模型符合工程实际应用，并采用分子动力学手段研究了不同速度、温度、表面粗糙度和表面形貌随机性对多晶锆摩擦行为的影响；计算并分析了摩擦过程中的摩擦力和磨损量变化，同时还使用位错提取算法和原子应变分析法探究了基体内部的塑性变形，得出各势函数作用下的能量变化，最后分析了各部分能量与犁沟效应、黏附效应之间的关系。

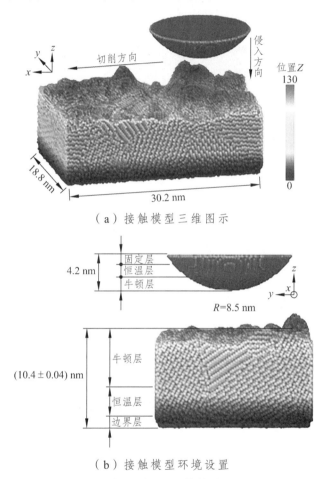

（a）接触模型三维图示

（b）接触模型环境设置

图 1.5　单粗糙峰-粗糙基体的接触模型

杨毅荣[4]基于单粗糙体-粗糙基体模型建立纯水润滑环境下的接触模型（见图 1.6），通过分子动力学方法探究不同外界因素（滑移速度、压痕深度、振动频率和幅度）下润滑环境中多晶锆摩擦磨损特性。分析摩擦力和磨损量变化，利用共邻分析和位错提取法分析基体内部的结构变化，计算各体系势能并得出塑性能与塑性能比R，权衡黏附和犁沟效应的作用，研究多晶锆的摩擦磨损机理。

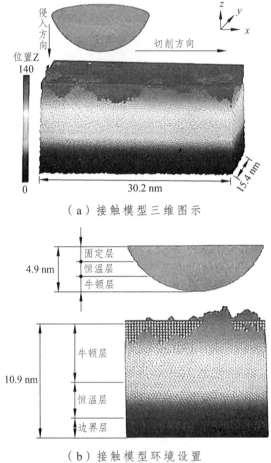

（a）接触模型三维图示

（b）接触模型环境设置

图 1.6　纯水润滑环境下的接触模型

向友文等[5]采用分子动力学方法模拟了金刚石半球与具有不同粗糙度氧化锆表面涂层的多晶锆基体的磨削过程，对摩擦力、摩擦系数、磨损量和磨损深度进行了定量分析，并且结合应力应变、位错提取分析法（DXA）和热力学分析法对基体内部塑性变形进行了探究，其模型如图 1.7 所示。结果表明：随着氧化锆涂层粗糙度的增加，压头磨削方向与涂层和基体的实际接触面积减小导致其相互作用力减小，涂层对其法向的反作用力增大，导致压头所受的摩擦力逐渐减小，基体磨损原子量减少及磨损深度降低。经 DXA 分析，基体内部压头下压区域都产生堆垛层错，但亚表层损伤程度及内部晶格缺陷结构随着粗糙度的增加相应减弱。

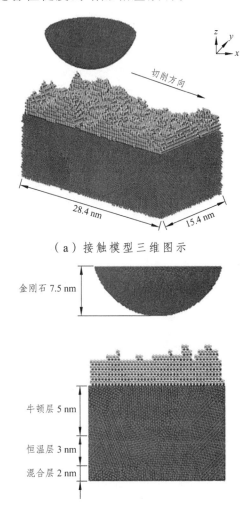

（a）接触模型三维图示

（b）接触模型环境设置

图 1.7　粗糙氧化锆涂层的接触模型

第二篇
摩擦磨损实验项目

项目二 材料的常规摩擦磨损性能实验

一、实验目的

（1）系统评价材料或涂层在复杂工况下的摩擦学性能，量化其摩擦系数与耐磨性指标，为工程选材提供数据支撑。

（2）模拟实际服役环境中的多模式摩擦行为，揭示材料在动态载荷、温度及润滑条件下的损伤机制。

（3）建立标准化测试流程与失效判据，推动摩擦学实验方法的标准化与行业应用。

二、原理概述

1. 摩擦系数动态测量原理

CETR 试验机通过高精度力传感器实时捕获法向载荷与切向摩擦力，基于库仑摩擦定律计算瞬时摩擦系数。其核心在于其多轴力反馈系统可同步监测振动与波动信号，精准解析滑动过程中的摩擦不稳定性，尤其适用于研究黏滑现象、磨合期过渡及润滑失效临界点。

2. 多模式接触机制模拟原理

CETR 试验机设备集成球-盘、环-块、针-盘等多种接触副夹具，通过更换对偶件实现点、线、面接触的自由切换。将赫兹接触理论指导下的局部应力计算与接触区热力学仿真相结合，可复现轴承、齿轮、密封环等典型机械部件的微观接触状态，为磨损机理的研究提供物理基础。

3. 磨损量化与形貌分析原理

通过激光干涉仪或白光轮廓仪三维重建磨痕形貌，计算磨损的体积损失与比磨损率。结合原位光学显微观察与实验后电子显微镜（SEM/EDS）分析，建立磨屑形态、表面塑性变形、氧化层结构与磨损机制的关联模型，实现从宏观磨损量到微观损伤机制的跨尺度解析。

4. 环境模拟与多场耦合控制原理

密闭环境舱支持高温（+800 ℃）、低温（−50 ℃）、真空、可控湿度及润滑剂注入，通过集成热电偶与红外热像仪监测接触区温升。多物理场耦合设计可独立调控机械载荷、滑动速度、环境介质与温度梯度，精准模拟极端工况下的材料摩擦学响应。

三、实验设备及材料

本实验设备和材料包括：

（1）CETR UMT 多功能摩擦磨损试验机、KQ3200E 超声波清洗器、BS 224S 电子天平，如图 2.1 所示。

（2）清洁剂无水乙醇、丙酮等。

CETR UMT 多功能摩擦磨损试验机由实验主机、多种模拟实验组件、计算机测控系统等部分组成，可以模拟销-盘、环-块、往复滑动等多种摩擦形式。

（a）CETR UMT 多功能摩擦磨损试验机

（b）超声波清洗机

（c）分析天平

图 2.1　实验设备

本实验以 6082 铝合金为例，实验材料及尺寸如表 2.1 所示。

表 2.1　实验材料及尺寸

材　料	尺　寸
6082 铝合金	10 mm × 10 mm × 5 mm
对磨副　GCr15	直径 12 mm

实验参数如表 2.2 所示。

表 2.2　实验参数

项　目	参　数
载荷	30 N
位移幅值	1 mm
润滑方式	干摩擦
磨损时间	60 min

四、实验内容及步骤

1. 试样制备

（1）根据实验要求，选择合适的材料制备试样。

（2）分别使用 400 目、600 目、800 目、1 000 目、2 000 目砂纸对样品进行粗打磨，随后使用抛光机对粗打磨样品进行精细抛光，直至样品表面呈现镜面。

（3）超声波清洗试样，去除表面的污垢和杂质，然后使用吹风机将样品吹干。

2. 磨损试验机检查

（1）检查试验机的外壳、工作台面等部位是否有明显的划痕、碰撞痕迹、变形等异常情况，确保设备的外观完好无损。

（2）查看电源线是否有破损、老化、断裂等问题，确保电源线的绝缘性能良好，连接牢固可靠，防止出现漏电等安全隐患，同时确认电源的电压、频率等参数是否符合试验机的要求，以保证设备的正常启动与运行。

（3）检查摩擦力传感器、位移传感器、压力传感器等各类传感器的外观是否有损坏，安装是否牢固，连接线路是否松动或短路等。

3. 试样安装

（1）清洁样品表面。

（2）精准固定上下试样。

（3）校准接触位置居中。

（4）轻载预压后清零传感器，全过程避免碰撞探头并确保装夹稳固。

4. 参数设置

（1）熟悉 CETR 多功能磨损试验机操作界面，如图 2.2 所示。

（2）根据实验要求，设置试验机的相关参数，如位移幅值、摩擦时间、摩擦载荷等，如图 2.3 所示。

图 2.2 CETR 多功能磨损试验机操作界面

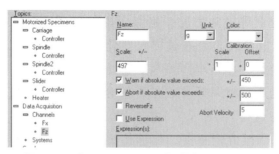

图 2.3 "Options Files" 参数设置窗口

（3）确保设置的参数能够准确反映实验条件，并符合实验要求。

5. 启动实验

（1）确认所有设置无误后，启动试验机，开始摩擦磨损实验。

（2）在实验过程中，密切关注试验机的运行状态和试样的变化情况。

6. 数据记录

（1）在实验过程中，使用计算机或其他设备记录实验数据，如摩擦力、摩擦系数、摩擦时间等，如图 2.4 所示。

（2）确保数据的准确性和完整性，以便后续的数据分析和处理，如图 2.5 所示。

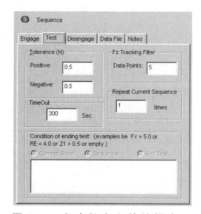

图 2.4 实验程序文件编辑窗口

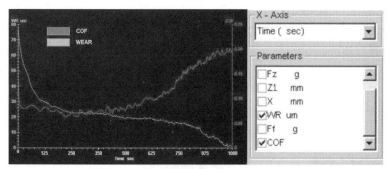

图 2.5 摩擦系数（往复滑动实验）

7. 注意事项

（1）实验环境应保持整洁，无尘土和油污等杂物。

（2）控制实验环境的温度和湿度，以减少其对实验结果的影响。

（3）实验人员应熟悉试验机的操作方法和实验流程。

（4）在实验过程中，保持专注和耐心，避免操作失误。

（5）确认所有设置无误后，启动试验机，开始摩擦磨损实验。

五、实验报告

项目二 材料的常规摩擦磨损性能实验报告

姓名 ＿＿＿＿＿＿＿＿＿　　　　学号 ＿＿＿＿＿＿＿＿＿

实验目的
实验设备与材料

实验步骤

实验结果

（1）根据实验数据和磨损量，对实验数据进行整理和分析，绘制相关图表和曲线，分析试样的耐磨性能和摩擦磨损机制。

（2）根据分析结果，讨论试样的耐磨性能、摩擦系数等参数的变化规律和影响因素，提出改进意见和建议，为后续的摩擦磨损研究和应用提供参考。

思考题

（1）在模拟实际服役环境时，如何通过调整动态载荷和温度参数来准确反映材料的损伤机制？请结合摩擦系数动态测量原理进行说明。

（2）标准化测试流程中，若发现摩擦系数波动异常，可能由哪些实验操作失误引起？应如何排查？

项目三　环–块滑动磨损实验

一、实验目的

（1）掌握 M2000 多功能摩擦磨损试验机的工作原理、构造和使用方法。

（2）能够对不同材料的耐磨性能进行客观的评价。

（3）探索各类摩擦学因素对材料摩擦磨损过程的影响规律。

二、原理概述

环-块滑动磨损实验（Ring-on-Block Test）是摩擦学领域的一种标准化且广泛应用的实验方法，主要用于评估材料配副（摩擦副）在干摩擦或边界润滑条件下的滑动摩擦磨损性能。其核心原理是通过一个旋转的圆环试样与一个静止的块状试样在可控条件下发生滑动接触，模拟工程中常见的轴-轴承、凸轮-挺杆等部件的摩擦磨损行为。

1. 摩擦学基础与接触机制

摩擦学是研究相对运动表面相互作用（摩擦、磨损、润滑）及其控制的科学与技术。环与块的表观接触是宏观的，但实际的载荷传递和摩擦磨损发生在微观尺度的微凸体接触点上。这些接触点承受极高的局部压力，导致材料发生弹性或塑性变形。摩擦力主要源于克服接触点间的黏着（冷焊和犁削，即较硬微凸体嵌入较软表面并刮擦）作用所需的力量。摩擦系数是实验中直接测量的关键参数，定义为摩擦力 F 与法向载荷 N 的比值（即 $\mu = F/N$），以反映滑动界面的阻力特性。

2. 实验装置与摩擦行为测量

环-块滑动磨损试验机的核心组件包括旋转环试样和静止块试样。旋转环试样多为圆盘或圆环状，由驱动主轴带动匀速旋转以模拟运动部件；静止块试样则固定在加载臂上，其平面与环的外圆面或端面接触以模拟静止部件。加载系统可对块试样施加精确可控的法向载荷来模拟工作压力；摩擦力测量传感器（如力或扭矩传感器）用于直接测量阻碍环旋转的摩擦力；速度控制系统能精确控制环的旋转速度（即滑动速度），还会实时记录法向载荷和摩擦力，计算并绘制摩擦系数随时间变化曲线，借此反映摩擦状态的稳定性、磨合期、波动情况等。

3. 磨损机理与磨损量评估

在环-块滑动磨损实验中，磨损本质是环与块表面相对滑动致接触区域材料渐进损失或转移。主要磨损机理有：

（1）黏着磨损，即接触点冷焊后剪切断裂在软材料内部或界面处引发材料转移脱落。

（2）磨粒磨损，指硬表面微凸体或硬颗粒在软表面犁沟。

（3）疲劳磨损，指因交变接触应力使次表层裂纹萌生扩展，最终片状磨屑脱落。

（4）氧化磨损，是新生表面与环境反应形成氧化膜，滑动中磨去又再生。

磨损量评估方法包括：

（1）失重法：测量块试样（有时含环试样）实验前后质量，进

而算出磨损量 Δm，也常计算体积磨损量 $\Delta V=\Delta m/\rho$ 或比磨损率 K。其中比磨损率 K 定义为磨损体积除以滑动距离与法向载荷的乘积，单位为 $mm^3/（N\cdot m）$。

（2）尺寸变化法：测量块试样磨损表面特定位置的尺寸变化。

（3）磨痕形貌分析：用光学显微镜、扫描电子显微镜、轮廓仪等观察磨损表面形貌特征，辅助判断主要磨损机理。

4. 实验参数与应用意义

实验中关键可控的参数包括法向载荷、滑动速度、滑动距离、时间和环境条件，它们分别关联着接触压力、实际接触面积、摩擦热、磨损程度以及润滑状态等多方面内容。这些参数在材料筛选与对比、摩擦副匹配性研究、润滑剂性能测试、磨损机理研究、质量控制和标准化测试以及建立摩擦磨损数据库等方面有着广泛应用价值和意义，可助力工程设计和产品质量检验等众多实际工作。

三、实验设备与材料

本实验设备和材料包括：

（1）M2000 多功能摩擦磨损试验机、超声波清洗器、电子分析天平、光学显微镜、游标卡尺、电吹风，如图 3.1 所示。

（2）清洁剂无水乙醇、丙酮等。

（a）M2000 磨损试验机　　　　（b）超声波清洗机

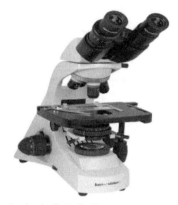

（c）分析天平　　　　　　　　（d）光学显微镜

图 3.1　实验设备

本实验以不同热处理状态下的 45 钢为例，实验材料及尺寸如表 3.1 所示。

表 3.1　实验材料及尺寸

材　料	状　态	尺　寸
45 钢	铸态	17 mm×10 mm×10 mm
45 钢	840 ℃ 淬火+180 ℃ 回火	17 mm×10 mm×10 mm
45 钢	840 ℃ 淬火+550 ℃ 回火	17 mm×10 mm×10 mm
对磨环 GCr15	铸态	内径 16.2 mm，外径 29.5 mm

实验参数如表 3.2 所示。

表 3.2　实验参数

项　目	参　数
载荷	100 N
对磨环转速	200 r/min

项　目	参　数
润滑方式	干摩擦
预磨时间	5 min
第一次磨损时间	30 min
第二次磨损时间	30 min

四、实验内容及步骤

1. 实验内容

（1）模拟实际工况：在干摩擦、湿摩擦、磨粒磨损等不同工况下，对不同热处理状态下的 45 钢进行滑动摩擦磨损实验，以研究材料的磨损特性。

（2）测定摩擦系数及摩擦力矩：通过试验机的测量装置，测定材料在实验过程中的摩擦系数和摩擦力矩，进而分析其摩擦学性能。

（3）评定材料耐磨性能：根据实验前后试样的质量或尺寸变化，采用称重法、测量直径法、切入法等耐磨性能评定方法，确定材料的耐磨性能，为材料的选用和改进提供依据。

2. 实验步骤

（1）安装试样：先安装上试样，将其置于正确位置后用锁紧螺钉固定，再安装下试样。

（2）设备预热与检查：接通电源，启动电源开关，预热试验机 20 min 左右，使主轴空运转，观察各实验参数显示装置是否正常，主轴旋转方向是否为顺时针，检查是否有渗/漏油现象等。

（3）设定实验参数：根据实验要求，在计算机或试验机控制面板上设定实验力、摩擦力、转速、实验时间等参数。

（4）开始实验：按下启动按钮，试验机开始运行，摩擦副进入滑动摩擦磨损状态，实时监测并记录摩擦力、摩擦系数、磨损量等数据。

（5）观察与记录：在实验过程中，观察试验机的运行状态，确保无异常情况发生。同时，密切关注各项数据的变化情况，并及时记录在实验报告或数据记录表中。

（6）结束实验：当实验达到预设时间或完成特定磨损量时，自动停止或手动停止实验。关闭试验机电源，切断设备与外部电源的连接。

（7）清理与维护：清理试验机的各个部件，特别是摩擦副和试样表面，避免残留的实验材料对后续测试产生干扰。定期对摩擦磨损试验机进行检查与维护，确保其长期稳定运行。

五、实验报告

项目三　环-块滑动磨损实验报告

姓名 _____　　　　学号 _____

实验目的

实验设备与材料

实验步骤

实验结果

（1）实验数据记录及结果处理，完成表 3.3、表 3.4、表 3.5。

表 3.3 材料质量记录表

材　料	初始质量 m_0	预磨后质量 m_1	第一次正式磨后质量 m_2	第二次正式磨后质量 m_3
45 钢（铸态）				
840 ℃ 淬火 +180 ℃ 回火				
840 ℃ 淬火 +550 ℃ 回火				

表 3.4 磨损量计算表

材　料	预磨后磨损量 $\triangle m_1$	第一次正式磨后磨损量 $\triangle m_2$	第二次正式磨后磨损量 $\triangle m_3$
45 钢			
840 ℃ 淬火+180 ℃ 回火			
840 ℃ 淬火+550 ℃ 回火			

表 3.5 摩擦距离计算表

材　料	对磨环转速/（r/min）	预磨 t_0 摩擦线距离/m	第一次正式磨 t_1 摩擦线距离/m	第二次正式磨 t_2 摩擦线距离/m
45 钢				
840 ℃ 淬火 +180 ℃ 回火				
840 ℃ 淬火 +550 ℃ 回火				

（2）绘制磨损质量与摩擦时间、磨损距离曲线图，分析材料磨损性能与磨损时间和距离的关系。

（3）绘制三种工艺下45钢摩擦系数曲线。

（4）根据摩擦系数和磨损量对比三种不同工艺下 45 钢材料磨损性能差异，并解释说明原因。

（5）观察磨痕形貌，根据磨损特征，简述本实验中材料的磨损机理。

（6）分析影响本次实验结果的因素。

思考题

（1）环-块接触模式与球-块接触模式在应力分布上有何差异？这种差异如何影响磨损试验结果的可靠性？

（2）实验验中若试样发生非预期振动，可能对摩擦学因素探索（如润滑条件）产生哪些干扰？应如何调整参数？

【扩展学习】

M2000 型摩擦磨损试验机操作规程

一、实验前准备

（1）确定实验摩擦副形式，按图纸要求加工好试样。

（2）准备好上、下试样及对应夹具，根据实验要求，对试样、下副盘及夹具进行清洁处理。

（3）接通电源，打开计算机，启动测试系统软件，打开"电源"，设备空转预热 10 min。

二、试样装夹

（1）把准备好的试样装入对应夹具内，手持夹具及试样，锥柄朝上，装入主轴锥孔内。

（2）用另一只手顺时针旋转主轴顶部的拉杆，将螺纹旋入夹具顶部的螺丝孔，并且旋紧。

（3）把下试样（大、小试环）放入副盘座内，试环带销孔面朝下，对准副盘座上的固定销。

（4）做加热实验时，将试样安装完毕后，打开温控器开关，插接好温度传感器及电源插头。

（5）做介质试验时，将试样安装完毕后，再将泥浆罐连接到副盘上，并压上密封圈，在副盘上装上阀门并关闭，倒入介质即可。

三、开始实验

（1）调整下副盘高度：逆时针（俯视）松开锁紧螺母，逆时针旋转滚花螺钉使下导向主轴上升，直到试环上表面与上试样下表面之间有 1~2 mm 的间隙。

（2）反向锁紧螺母，消除滚花螺钉与上施力板之间的螺纹间隙。

（3）选定摩擦副，设定实验力、实验时间、最大摩擦力矩（超过最大值报警停机）、主轴转速。

（4）单击实验力"清零"，然后单击"加载"，加载实验力。

（5）如需测量温度，按下面板上温控器电源按钮，并插接好温度传感器。单击主页面上"开始测温"按钮，将实时显示温度。

（6）单击摩擦力"清零"，然后单击"开始"，主轴开始旋转，实验开始。

（7）若要中途停机，单击主页面上"停止"按钮。

（8）实验时，软件自动控制实验力和温度在设定值。实时采集摩擦力矩、主轴转数，计算摩擦系数，显示实验时间、实验温度；待实验时间到后，试验机自动停机。

四、数据与曲线保存

（1）实验结束，单击"保存原始数据"，将保存实验原始数据。

（2）单击"曲线显示"，单击"图像格式存盘"，将保存实验曲线；单击"返回"，将返回到主页面。

（3）单击"报表处理"，输入实验基本情况、设定参数，单击"确认"。

（4）加入表头、加入数据，单击"TXT格式存盘"或"RTF格式存盘"，保存实验数据。

（5）单击"退出"按钮，返回主页面。

五、结束实验

（1）在主页面上单击"卸载"按钮，试验机将自动卸除实验力，直到页面显示限位，卸载自动停止。

（2）单击主页面上的"退出"按钮，退出测控系统。

（3）退出测控系统后，松开锁紧螺母，旋下螺丝轴，使下导向主轴下降，直至上下试样间有足够大的空间以拆卸试样。

（4）取出下试样，松开拉杆，向下轻敲拉杆，至夹具与主轴松脱，取出夹具及上试样。

（5）观察实验结果，做好实验记录并关闭计算机和整机电源。

六、注意事项

（1）试验机在运转前必须用手轻轻转动齿轮以检查试验机各部

分是否处于正常状态，以防止在插销、螺钉未取出情况下进行实验，造成试验机的损坏。

（2）在开动试验机时，先扭动开关接通电源，然后一手打开按钮开关，另一只手拉住摆架下端或推着摆架的上端，以防摆架产生大的冲击而损坏试验机。

（3）间隙接触摩擦实验只允许做短时间实验或在压力负荷不大时使用。

（4）为了保证偏心轮的均匀行程，上试样轴在慢速往复移动时螺帽的下面必须垫上弹簧垫圈，上试样轴在高速往复移动时，必须将弹簧垫圈取下。

项目四　球–块滑动磨损实验

一、实验目的

（1）量化材料耐磨性能。

（2）表征摩擦系数动态行为。

（3）解耦多因子耦合损伤机制。

二、原理概述

1. 接触力学与摩擦热效应原理

球–块滑动接触区形成赫兹应力场，其最大剪应力深度主导亚表层裂纹萌生位置，同时摩擦热流密度与滑动速度、载荷呈正相关，引发表面温升及材料相变，温升梯度通过嵌入式热电偶实时监测，结合 Archard 修正模型可关联热软化效应与磨损率非线性增长。

2. 第三体形成与磨屑行为原理

磨损过程中脱离接触面的磨屑在摩擦副间隙形成"第三体层"，其输运特性（滞留、排出或再嵌入）受表面形貌与润滑介质调控，第三体的剪切流动性通过摩擦力波动频率反映，而磨屑成分的能谱分析（EDS）可追溯材料转移路径。

3. 摩擦化学交互作用原理

在润滑环境中，添加剂分子链在高温高压下发生断键，与新生金属表面反应生成摩擦膜，其抗剪切强度通过原位电化学阻抗谱（EIS）间接表征。摩擦化学膜厚度与耐久性是降低磨损率的关键因素。

4. 信号转换与采集原理

法向载荷由杠杆砝码系统实现恒力加载，摩擦力通过压电传感器转换为电荷信号，经高速工控系统以 10 kHz 采样频率同步采集温度-力-位移数据，基于 TriboScan 软件实现摩擦系数的实时计算与超阈值报警。

三、实验设备与材料

本实验设备和材料包括：

（1）MXW-1 型旋转往复摩擦磨损试验机、超声波清洗器。

（2）清洁剂无水乙醇、丙酮等。

实验以 6082 铝合金为例，实验材料及尺寸如表 4.1 所示。

表 4.1 实验材料及尺寸

材 料	尺 寸
6082 铝合金	10 mm × 10 mm × 5 mm
对磨副 GCr15	直径 12 mm

实验参数如表 4.2 所示。

表 4.2　实验参数

项　目	参　数
载　荷	20 N
位移幅值	1 mm
润滑方式	干摩擦
磨损时间	6 000 s

四、实验内容及步骤

1. 实验内容

1）试样制备

球试样选用直径为 12 mm 的 GCr15 轴承钢，块试样为 10 mm×
10 mm×5 mm 的 6082 铝合金，表面粗糙度 $R_a \leqslant 0.05$ μm（抛光至镜
面）。

2）设备配置与标定

启用 MXW-1 试验机球-块摩擦副模块，安装高温炉体（选配
800 ℃模块）与油浸润滑槽，使用标准砝码校准载荷误差至 ±1%，
用标准弹簧测力计对摩擦力传感器进行静态标定。往复行程设定为
±5 mm，频率为 20 Hz 以模拟高频微动工况。

2. 实验步骤

1）试样预处理与安装

球与块试样依次经丙酮超声清洗 15 min 并干燥。通过真空夹具
将块试样固定于高温工作台，球试样装入浮动夹持杆并轻拧顶丝防

滑移，手动调整 Z 轴使球块接触预载荷 5 mN，光学显微镜辅助对中接触区。

2）环境模块与参数注入

以 10℃/min 速率升温至目标值并保温 10 min，润滑实验则注入介质直至浸没接触区，于 TriboControl 软件设定载荷斜坡（如"50 N→300 N@ 10 N/s"）、恒定转速为 1 000 r/min（线速度 1.2 m/s），总转数为 5×10^4 r。

3）动态监测与紧急干预

实时查看摩擦系数曲线，设定 $\mu > 0.8$ 时自动卸载，磨损过程每 10 min 记录一次温度波动。若试样异常振动触发过载保护（＞设定载荷 120%），Z 轴立即回退 2 mm。

4）磨痕表征与数据重构

实验结束取出试样，通过白光干涉仪测量块试样磨痕体积 V（扫描 5 点取均值），球试样磨损斑直径用于计算赫兹接触应力修正值，结合摩擦力时序数据拟合磨损率 $K=V/(F_n \cdot S)$（S 为总滑动距离），绘制三维磨损机制图。

3. 注意事项

（1）实验环境应保持整洁，无尘土和油污等杂物。

（2）控制实验环境的温度和湿度，以减少其对实验结果的影响。

（3）实验人员应熟悉试验机的操作方法和实验流程。

（4）在实验过程中，保持专注和耐心，避免操作失误。

（5）确认所有设置无误后，启动试验机，开始摩擦磨损实验。

五、实验报告

实验四　球-块滑动磨损实验报告

姓名 _____　　　　学号 _____

实验目的
实验设备与材料
实验步骤
实验结果
（1）通过 Origin 软件将导出的文本数据绘制出对应的摩擦曲线图以及 F-D-N 图。

（2）根据摩擦曲线图和 F-D-N 图，对比两种不同工况下铝合金的摩擦情况，并解释说明原因。

（3）观察磨痕形貌，根据磨损特征，简述本实验中材料的磨损机理。

思考题

（1）球-块接触中第三体（磨屑）的形成对摩擦系数动态行为有何影响？如何通过实验数据区分黏着磨损与磨粒磨损的主导作用？

（2）为什么需要解耦多因子耦合损伤机制？试举例说明温度与载荷共同作用下的复杂磨损现象。

项目五　材料高温、低温及交变载荷微动磨损实验

一、实验目的

（1）了解和熟悉多功能摩擦磨损试验机的工作原理、构造和使用方法。

（2）掌握金属材料在高温、低温、交变载荷及溶液环境下的摩擦磨损性能测量方法。

（3）理解金属材料的磨损机理和影响耐磨性的因素。

二、原理概述

1. 摩擦定义及分类

当两个相互接触的金属表面在外力作用下发生相对运动或具有相对运动趋势时，接触面上会产生阻止相对运动或相对运动趋势的作用力，这种作用被称为摩擦力。这个阻力与运动方向相平行，这种现象称为摩擦。摩擦力的大小与接触法向压力及摩擦系数成正比。摩擦系数则反映了材料在摩擦过程中的润滑性能和耐磨性。

2. 摩擦系数的定义与影响因素

摩擦系数是指两表面间的摩擦力 F 和作用在其一表面上的垂直

力 N 之比值，即 $\mu = F/N$。它是衡量材料间摩擦性能的一个重要指标，与材料的性质、表面粗糙度以及接触条件等因素有关。

根据运动的性质，摩擦系数可分为静摩擦系数和动摩擦系数。摩擦是导致材料磨损和失效的主要原因之一。通过研究摩擦系数，可以了解不同材料在摩擦过程中的行为，从而选择更耐磨、更耐用的材料，以延长设备的使用寿命。在滑动轴承、齿轮传动等部件中，优化摩擦系数可以显著减少磨损，提高部件的可靠性和耐久性。因此，研究摩擦系数对提高机械效率、减少磨损、优化设计和材料选择、改善加工制造工艺、环境保护以及深入理解摩擦学原理等方面都具有重要意义。

关注到振动环境下接触零部件之间的接触载荷会发生动态改变，现进一步开展铜镁合金在动态交变载荷条件下的微动磨损实验，研究动态交变载荷对铜镁合金微动磨损行为的影响。

考虑到零部件服役环境温度存在较大差异，故而有必要对铜镁合金在不同环境温度下的微动磨损特性进行研究，本次实验分别在 80 ℃、25 ℃ 和 −10 ℃ 环境温度下开展。

三、实验设备

在实验室模拟微动磨损过程需要实现一定接触压力下的往复振荡运动，同时还要记录微动过程中的摩擦力、正压力、位移等信号。本次实验采用自行研制的试验机（MFC-01），整体结构如图 5.1 所示。它由微动驱动装置、法向加载装置、样品台组件和机架 4 部分组成，其中微动驱动装置输出往复位移，法向加载装置完成正压力的施加，样品台用于安装和固定实验样品。其整体尺寸为 910 mm × 620 mm × 1 200 mm，同时包含静态载荷模块、动态交变载荷模块、高温环境模块、低温环境模块和水溶液环境模块可供选用。

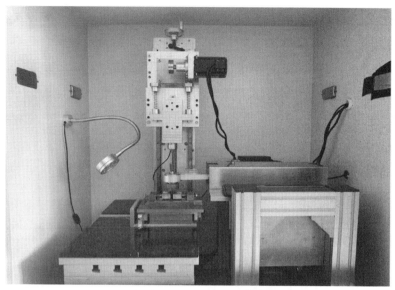

图 5.1 自行研制的试验机（MFC-01）

1. 静态载荷模块

静态载荷模块是微动试验机的基础模块。静态载荷实验操作过程如下：

（1）将静态载荷模块专用夹具固定在样品台上。

（2）将上试样夹具连接在驱动杆上，然后将驱动杆调至水平，并保持上试样与下试样表面刚好接触而不产生压力。

（3）使丝杆旋转带动加载组件垂直向下运动，通过压缩弹簧来施加法向载荷，当正压力达到设定数值，将丝杆锁死，实验过程中弹簧保持恒定的压缩量。

（4）启动微动程序，进行微动实验。

2. 动态交变载荷模块

动态交变载荷模块的夹具与静态载荷一致，但载荷施加装置完全不同。需要特别说明的是，这里所指的动态交变载荷区别于冲击载荷，在实验过程中，摩擦试样之间始终接触，且正压力以一定规律动态波动。振荡运动装置如图 5.2 所示，该装置主要由 7 部分组成。步进电机通过法兰轴承座和传动轴带动旋转盘转动，偏心轮与旋转盘连接并跟随旋转盘同心转动，关节轴承与偏心轮的偏心孔连接（偏心距为 1 mm）。当步进电机旋转时，关节轴承产生幅值为 1 mm 的振荡位移。振荡装置通过其组件连接板安装在滑台连接板上，并通过中间连接块和静态载荷装置相连，配合辅助弹簧与滑块组件，完成动态交变载荷的施加。

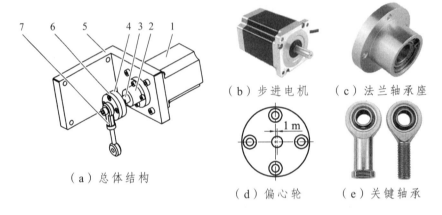

（a）总体结构　　（b）步进电机　　（c）法兰轴承座　　（d）偏心轮　　（e）关键轴承

1—步进电机；2—法兰轴承座；3—传动轴；4—旋转圆盘；5—组件连接板；
6—偏心轮；7—关节轴承。

图 5.2　振荡装置结构

　　动态交变载荷装置如图 5.3 所示，偏心轮产生的振动运动通过中间连接块传递到传感器安装板上，带动传感器安装板在导轨上往复运动。该装置简化后是一个典型的对心曲柄滑块机构，通过改变步进电机转速调节动态交变载荷频率，通过更换压缩弹簧刚度来改变动态交变载荷幅值。

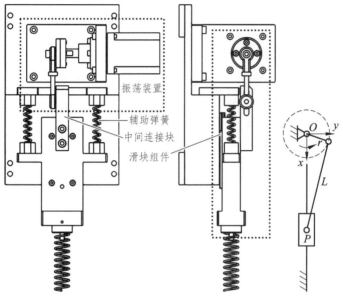

图 5.3　动态交变载荷施加装置结构

动态交变载荷实验操作流程如下：

（1）松开关节轴承下端锁紧螺母，旋转丝杆使滑台向下运动压缩弹簧，施加正压力至振荡中心值（如 50 N），而后锁紧丝杆。

（2）锁紧关节轴承下端螺母，使关节轴承与传感器安装板固定连接。

（3）启动步进电机使其按设定转速转动，从而带动传感器安装板上下振动，使弹簧压缩量随之不断改变，实现动态交变载荷的施加。

动态交变载荷施加装置实物图如图 5.4（a）所示，实验过程中实测的正压力曲线如图 5.4（b）所示，接触界面之间的正压力为正弦曲线波动。

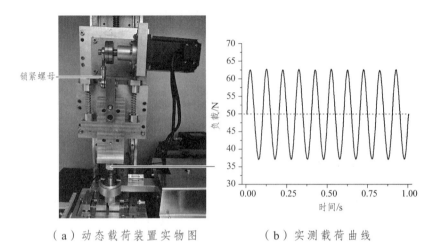

（a）动态载荷装置实物图　　　　（b）实测载荷曲线

图 5.4　动态交变载荷施加装置实物图与实测载荷曲线

3. 高温环境模块

高温专用夹具结构如图 5.5 所示，其预紧原理与常温夹具一致。在预紧夹头的内部布置了 4 个高温电热管（规格为 220 V、100 W），其安装位置离样品很近，以保证高温热量以较高的效率传递到样品。样品一侧配备有高温传感器（K 型热电偶），来测定样品温度，另一侧使用高温隔热板将滑块与高温预紧夹头隔开，防止高温向下传递而损坏导轨等零部件，同时减少热量损失。整个高温夹具通过底板与微动试验机样品台连接。

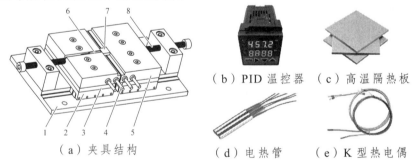

（a）夹具结构　　　　（b）PID 温控器　（c）高温隔热板

（d）电热管　　（e）K 型热电偶

1—夹具底板；2—直线导轨组件；3—高温隔热板；4—高温电热管；5—预紧夹头；
6—高温传感器；7—实验样品；8—预紧螺栓；9—PID 温控器。

图 5.5　高温专用夹具

实验中，使用 PID 温控器来实现高温温度的精准控制，其接线如图 5.6 所示，此时 PID 控制模式选择高温模式。使用 K 型热电偶传感器检测实验样品附近温度，并将信号接入①、②号端口传递给 PID 温控器，经过内部运算得到一个合适的控制信号，再通过⑥、⑧号端口调节加热管的功率，最终达到设定温度值。

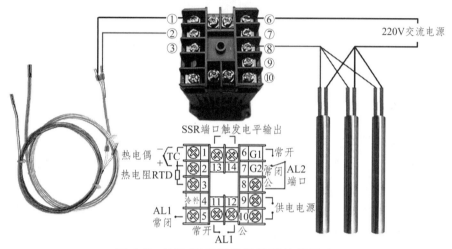

图 5.6　PID 温度器高温控制接线示意

高温环境下微动磨损实验操作流程如下：

（1）将高温环境模块安装到样品台上，然后按静态载荷操作流程给摩擦界面施加一定的法向载荷，锁紧丝杆。

（2）设定目标高温实验温度。

（3）启动电热管 220 V 加热回路开关，对实验样品进行高温加热。

（4）被测样品温度达到设定值并保持稳定 10 min 后，启动微动驱动装置，进行微动实验。

高温环境模块实物如图 5.7 所示。

图 5.7　高温环境模块实物

4. 低温环境模块

　　低温专用夹具结构如图 5.8 所示，它是在常温夹具基础之上，在试样周围安装了 3 个半导体制冷片，以实现对试样样品的降温。低温专用夹具通过预紧外夹头和内夹头将试样夹紧。在内夹头下部安装一枚制冷片，对内夹头和试样进行降温；在外夹头内部也嵌入一枚制冷片，对试样周围进行降温。每个制冷片都有制冷面和发热面，制冷面完成降温功能，发热面通过水冷散热板将热量带走，保证制冷片的制冷效率。在试样旁边，安装有低温温度传感器，实时检测样品附近温度。

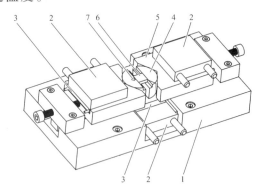

1—夹具底座；2—水冷散热板；3—半导体制冷片；4—内夹头；
5—外夹头；6—试样；7—低温温度传感器。

图 5.8　低温专用夹具设计图

同样，实验中使用高精度 PID 温控器进行低温控制，其接线如图 5.9 所示，此时 PID 控制模式选择低温模式。

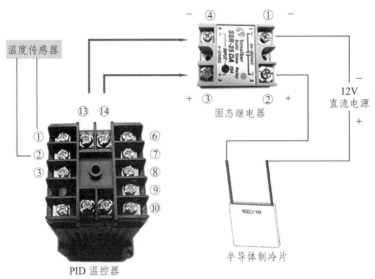

温度传感器

固态继电器

12V
直流电源

PID 温控器

半导体制冷片

图 5.9　PID 温控器低温控制接线图

如图 5.10 所示为低温实验实物。可以看出，半导体制冷片制冷效果良好，在设置的 −10 ℃ 温度下，试样周围凝结了较厚的一层冰霜，实现了微动实验的低温环境。

图 5.10　低温实验实物

5. 水溶液环境模块

水溶液环境模块主要用于电解质溶液环境下的微动实验，便于研究各类金属材料在电解质环境（腐蚀环境）下的微动腐蚀行为以及微动腐蚀与磨损之间的交互作用。该模块配套了型号为 CHI660E 的电化学工作站，并采用三电极（参比电极、工作电极、辅助电极）体系来测定微动腐蚀过程中的电化学信号。如图 5.11 所示，三电极体系包含两个回路：一个是由参比电极和工作电极组成的回路，用来精确控制或测定工作电极的电极电位；另一个是辅助电极与工作电极组成的电解池回路，用于完成电化学反应。电化学工作站提供了多种电化学测量方法，如循环伏安法（CV）、线性扫描伏安法（LCV）、Tafel 曲线（TAFEL）、电流-时间曲线（$i\text{-}t$）、开路电压-时间曲线（OCPT）等，可以测定金属材料在腐蚀介质中的平衡电位，以及动态腐蚀电流、腐蚀电压等。

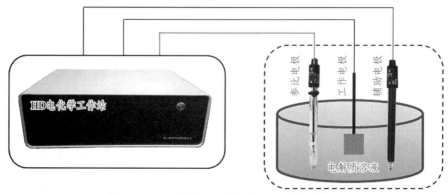

图 5.11　电化学工作站以及三电极体系

水溶液环境模块需要设计专用夹具。该夹具既要保证样品的紧固，还能够容纳腐蚀介质，其结构如图 5.12 所示。金属实验样品被镶嵌在亚克力固体中，并连接导线充当工作电极；镶嵌样品、氟胶密封圈和塑料容器共同组成腐蚀溶液盒；镶嵌后的样品直径为

25 mm、高度为 20 mm，其上端（样品端）浸没在腐蚀溶液中，下端裸露在腐蚀溶液盒外，裸露在外的这部分恰好使用圆柱夹具将其夹紧，共同构成水溶液环境夹具。

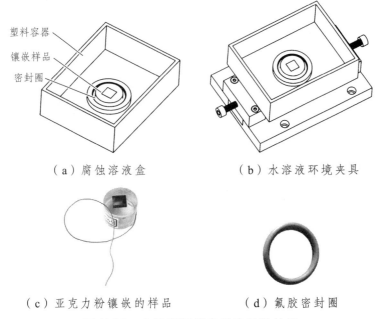

塑料容器
镶嵌样品
密封圈

（a）腐蚀溶液盒　　　　　　（b）水溶液环境夹具

（c）亚克力粉镶嵌的样品　　　　（d）氟胶密封圈

图 5.12　水溶液环境专用夹具设计图

水溶液环境下的微动腐蚀实验操作步骤如下：

（1）将腐蚀溶液盒预紧在圆柱夹具上。

（2）将适量腐蚀溶液倒入溶液盒中并安装参比电极和辅助电极，工作电极为金属实验样品，同时将三电极与电化学工作站对应接口相连。

（3）让上试样与下试样水平接触并施加法向载荷。

（4）完成微动实验参数和电化学实验参数设置，然后进行微动腐蚀实验。

水溶液环境模块实物如图 5.13 所示。

图 5.13　水溶液环境模块实物

四、实验材料与参数

本实验以铜镁合金为实验材料，其机械性能如表 5.1 所示。

表 5.1　铜镁合金机械性能

材　料	弹性模量/GPa	屈服强度/MPa	抗拉强度/MPa	泊松比
CuMg0.4	124	228	298	0.33

实验材料化学成分含量如表 5.2 所示。

表 5.2　铜镁合金化学成分含量

材　料	Cu	Ni	Mg	Fe	Sn	其他杂质
CuMg0.4	余量	0.003%	0.4%	0.003%	0.029%	≤0.05%

五、实验内容及步骤

1. 试样制备

（1）根据实验要求，选择合适的材料制备试样。

（2）使用砂纸、抛光机等对试样进行打磨抛光，确保样品表面光滑平整。

（3）超声波清洗试样，去除表面的污垢和杂质，然后吹干。

2. 磨损试验机检查

（1）检查多功能摩擦磨损试验机的电源是否连接良好，确保设备能够正常运行。

（2）检查试验机的各个部件是否完好，如夹具、主轴、传感器等。

（3）根据实验要求，安装并调试好试验机的相关部件。

3. 试样安装

（1）将试样按照规定的方式安装在试验机上，确保试样能够稳定地进行摩擦磨损实验。

（2）根据实验要求，调整试样的位置、角度和接触方式。

4. 参数设置

（1）根据实验要求，设置试验机的相关参数，如摩擦速度、摩擦时间、摩擦载荷等。

（2）确保设置的参数能够准确反映实验条件，并符合实验要求。

5. 启动实验

（1）确认所有设置无误后，启动试验机，开始摩擦磨损实验。

（2）在实验过程中，密切关注试验机的运行状态和试样的变化情况。

6. 数据记录

（1）在实验过程中，使用计算机或其他设备记录实验数据，如摩擦力、摩擦系数、摩擦时间等。

（2）确保数据的准确性和完整性，以便后续的数据分析和处理。

7. 实验结束

（1）实验结束后，使用 U 盘导出实验数据，关闭试验机，取出试样。

（2）使用酒精或其他清洗剂清洗试样，去除表面的残留物和磨损产物。

8. 注意事项

（1）实验环境应保持整洁，无尘土和油污等杂物。

（2）控制实验环境的温度和湿度，以减少其对实验结果的影响。

（3）实验人员应熟悉试验机的操作方法和实验流程。

（4）在实验过程中，保持专注和耐心，避免操作失误。

（5）确认所有设置无误后，启动试验机，开始摩擦磨损实验。

（6）在实验过程中，密切关注试验机的运行状态和试样的变化情况。

六、实验报告

实验五　材料高温、低温及交变载荷微动磨损实验报告

姓名 _____　　　　　　　学号 _____

实验目的
实验设备与材料
实验步骤
实验结果
（1）根据实验数据和磨损量，对实验数据进行整理和分析，绘制相关图表和曲线，分析试样的耐磨性能和摩擦磨损机制。
（2）根据分析结果，讨论试样的耐磨性能、摩擦系数等参数的变化规律

和影响因素，提出改进意见和建议，为后续的摩擦磨损研究和应用提供参考。

思考题

（1）高温环境下，摩擦系数的变化可能同时受热软化与氧化膜生成的影响，如何设计实验以区分这两种效应？

（2）交变载荷下，疲劳磨损与普通磨损的磨屑特征有何差异？如何通过观察磨痕形貌进行判断？

第三篇
摩擦磨损检测项目

项目六 材料表面形貌参数检测

一、实验目的

（1）加强对材料表面结构和摩擦学测试的理解，提高实际动手能力。

（2）了解评定表面结构的规则和方法。

（3）学会使用表面轮廓仪和 OLS-1100 激光共焦显微镜检测材料表面结构。

二、原理概述

任何表面都不可能是绝对光滑的，即使宏观看起来很光滑，但是在显微镜下仍然是非常粗糙。从微观上看，材料表面是由连续凹凸不平的峰和谷组成的。材料的表面形貌是指其几何形状的详细图形，着重研究表面微凸体高度的变化，由表面粗糙度、波纹度和形状公差组成。

（1）表面粗糙度：波距小（<1 mm），波高低，是材料表面的微观几何形状误差。工程上通常采用表面粗糙度表征表面的形貌参数。

（2）波纹度：材料表面周期性重复出现的几何形状误差。波距范围为 1~10 mm，是中间几何形貌误差，通常用波距和波高表示。

（3）形状公差：实际表面形状与理想表面形状的宏观几何形状误差，波距 10 mm 以上。在表面形貌分析中，通常不考虑形状公差。

三、实验设备及材料

实验设备及材料包括：

（1）NanoMap-D 双模式表面形貌仪、OLS-1100 激光共焦显微镜、电吹风。

（2）酒精、丙酮等。

1. NanoMap-D 双模式表面形貌仪

NanoMap-D 双模式表面形貌仪如图 6.1 所示，主要由隔振平台、检测系统（主机）及计算机控制系统 3 大部分组成。主机上使用 LED 绿光和白光双光源，装有 2.5 倍、10 倍、50 倍物镜和 0.5 倍、2 倍目镜各一个，1 024×1 024 CCD 照相机一套；计算机控制系统里装有 NanoMap 操作控制专用软件和 SPIP 分析计算软件。形貌仪主要用于金属材料、生物材料、聚合物材料、陶瓷材料等各种材料表面的薄膜厚度、台阶高度、二维粗糙度、三维粗糙度、划痕截面面积、划痕体积、磨损面积、磨损体积、磨损深度和薄膜应力等定量测量。

图 6.1　NanoMap-D 双模式表面形貌仪

2. OLS-1100 激光共焦显微镜

OLS-1100 激光共焦显微镜主要由激光器、扫描成像系统、隔振台、计算机 4 部分组成，如图 6.2 所示。它以 He-Ne 激光（410～650 nm）为光源，采用共轭焦点（共焦）技术，使光源、被照物体和探测器处在彼此对应的共轭位置。激光共焦显微镜可在自然环境中对样品进行无损检测，不仅可以检测样品的表面形貌参数，还可以检测磨损体积、磨损面积、划痕深度等。

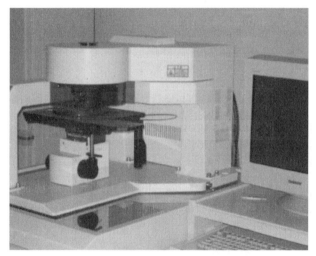

图 6.2　OLS-1100 激光共焦显微镜

四、实验内容及步骤

实验前应查找并阅读有关表面结构参数的表征及评定方法的有关资料和有关国标，阅读实验教程，初步了解设备结构和性能。根据自己的实际情况准备试件，并根据试件表面状况确定取样长度 l_r 和评定长度 l_n。

第一步，用 NanoMap-D 双模式表面形貌仪测量材料的表面结构参数 R_a、R_q、R_y、R_p、R_v（有关参数的定义参照 GB/T 3505—2009《产品几何技术规范（GPS）表面结构 轮廓法 术语、定义及表面结构参数》)。检测步骤如下：

（1）依次开启设备主机、计算机电源，在显示屏上双击软件"Rhortcut to Nanomap.exe"，出现如图6.3所示的操作界面，并且样品台会自动归零位。

（2）在软件界面上单击"System"下拉菜单，选择"Contact profiler"，然后单击"Sample Unload"按钮，样品台向外移动到设定位置，将测试样品放在样品台中央，再单击"Stage Renter"按钮，此时样品台会向针尖下方移动。

（3）再次确认样品在针尖正下方，单击"Auto Z load"，此时针尖会自动下降（此过程中不能中断也不能进行其他操作，切记），接触到样品后，针尖会自动微微向上移动，并读取零点值。

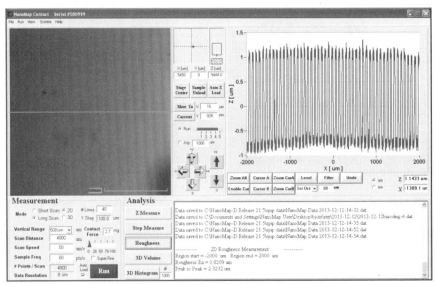

图6.3　NanoMap操作控制专用软件操作界面

（4）在操控软件界面上单击"X""Y"按钮，可根据自己需要，找到需要测试的位置，然后根据被测表面的状况，设置测量长度（参照 GB/T 10610—2009《产品几何技术规范（GPS）表面结构 轮廓法 评定表面结构的规则和方法》），选择合适的接触力（一般为2 N），最后单击"Run"按钮，此时针尖从左至右在被测表面移动进行检测，并且在屏幕上会同步显示被测表面的轮廓曲线。

（5）完成一次检测后，生成数据以及二维轮廓图，单击"File"菜单里面的"Rave Rata"选项保存检测数据。为了更客观地评价表面情况，一般应选择 3 个不同区域进行测量，因此重复操作步骤（3）~（5）完成整个样品的检测，然后单击"Sample unload"按钮，样品台向外移动到设定位置（针尖同时向上移动），取下样品即可。

（6）数据处理。检测数据可以用测控软件自带的数据处理软件进行简单处理分析，也可以点"File"菜单里面的"Rend Rata to SPIP"按钮，将数据发送到 SPIP 数据处理软件进行更详细的分析。

第二步，用 OLS-1100 激光共焦显微镜测量材料的表面形貌参数，检测程序如下：

（1）依次打开变压器、隔振台、激光器和计算机电源，启动 OLS-1100 操作软件，屏幕上会出现如图 6.4 所示的操作界面。

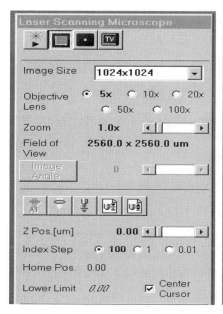

（a）界面上段　　　　　　　　（b）界面下段

图 6.4　图像扫描操作界面

（2）将样品放置在样品台上，选择 5 倍物镜（可观测到较大区域），选择合适的视场大小，在非共焦模式下单击"Focus"按钮，此时光源打开，可看到一束细小蓝色激光照射到样品上，手动调节样品台的高度，在调焦的同时注意观察屏幕上的变化，直到出现较为清晰的样品图像，锁紧样品台高度调节旋钮。然后通过 X、Y 方向调节旋钮移动样品台，选择检测区域，根据检测区域选择合适的物镜（5 倍、10 倍、20 倍、50 倍、100 倍），在操作控制软件上通过 Z 方向滚动调焦按钮进行精细调焦，直到图像清晰。

（3）调焦完成后，通过"Laser illum"按钮设置合适的光照强度，然后选择共焦模式，通过 Z 方向调焦滚动条设置 Z 方向扫描范围。

（4）通过"Step"滚动条设置合适的扫描步长，然后单击"Extended Scan Start"按钮开始测量。

（5）图像扫描完成后，首先要保存数据，然后在工具条上选择表面形貌参数测量按钮，此时会出现如图 6.5 所示的操作界面，单击"Roughness/Line"按钮，在获得的扫描图上选择所要的检测部位，完成表面形貌参数测量。

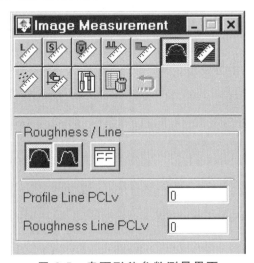

图 6.5　表面形貌参数测量界面

五、实验报告

项目六 材料表面形貌参数检测报告

姓名 _____　　　　　　学号 _____

实验目的
实验设备与材料
实验步骤
实验结果
（1）实验数据由计算机自动处理完成，说明实验所用的仪器设备、检测方法和步骤，以及 R_a、R_q、R_y、R_p、R_v 各参数的具体含义。

（2）报告里要有实验原始记录和实验数据计算结果，被测表面轮廓的拷屏图。

思考题

（1）表面结构中的粗糙度轮廓的含义是什么？它对零件的使用性能有哪些影响？

（2）为了评定表面粗糙度轮廓参数，首先要确定基准线，试述可以作为基准线的轮廓的最小二乘中线和算术平均中线的含义。

（3）表面粗糙度轮廓幅度参数 R_a 和 R_q 的具体含义是什么？

【扩展学习】

（1）GB/T 10610—2009《产品几何技术规范（GPS）表面结构 轮廓法 评定表面结构的规则和方法》。

（2）GB/T 1031—2009《产品几何技术规范（GPS）表面结构 轮廓法 表面粗糙度参数及其数值》。

（3）GB/T 3505—2009《产品几何技术规范（GPS）表面结构 轮廓法 术语、定义及表面结构参数》。

项目七　材料显微硬度检测

一、实验目的

（1）了解材料显微硬度检测的实验方法。

（2）熟悉显微硬度计的构造。

（3）学习如何使用显微硬度仪检测材料硬度。

二、原理概述

1. 硬度的定义

金属的硬度可以认为是材料表面在压应力作用下抵抗塑性变形的一种能力。硬度值越高，表明材料抵抗塑性变形能力越大，材料产生塑性变形就越困难。另外，硬度与其他力学性能（如强度指标及塑性指标）之间有着一定的内在联系，所以从某种意义上说，硬度对机械零件的使用寿命具有决定性意义，是表征材料摩擦性能的重要参数之一。

2. 压入法硬度实验

硬度实验的方法很多，在机械工业中广泛采用压入法来测定硬度。根据压头类型和几何尺寸等条件的不同，压入法又可分为布氏硬度法、洛氏硬度法、维氏硬度法等。

压入法硬度实验的主要特点：

（1）适用范围广，无论是最软塑性材料还是脆性材料均能发生塑性变形。

（2）在一定意义上可用硬度实验结果表征其他有关的力学性能。金属的硬度与强度指标存在如下近似关系：

$$\sigma_b = k \times \text{HB}　　　　　　　　　　（7.1）$$

式中，σ_b——材料的抗拉强度，MPa；

　　　　k——系数；

　　　　HB——布氏硬度。

退火状态的碳钢系数 $k=0.34 \sim 0.36$，合金调质钢系数 $k=0.33 \sim 0.35$，有色金属合金系数 $k=0.33 \sim 0.53$。此外，硬度值对材料的耐磨性、疲劳强度等性能也有定性的参考价值，通常硬度值越高，这些性能越好。在机械零件设计图样上对力学性能的技术要求，往往只标注硬度值，其原因就在于此。

（3）硬度测定后由于仅在金属表面局部体积内产生小压痕，并不损坏零件，因而适合于成品检验。

3. 常见硬度的基本原理

1）布氏硬度

布氏硬度实验主要用于黑色、有色金属原材料检验，也可用于退火、正火钢铁零件的硬度测定。

布氏硬度实验是对一定直径的硬质合金球施加实验力 F，使它压入试样表面，保持规定时间后卸载实验力，测量试样表面压痕的直径 d，计算或查表即可得硬度值，并用符号 HB 表示。布氏硬度值的计算式为

$$\text{HB} = \text{常数} \times \frac{\text{实验力}}{\text{压痕表面积}} = 0.102 \times \frac{2F}{\pi D(D - \sqrt{D^2 - d^2})}　（7.2）$$

式中，HB——布氏硬度；

F——实验力，N；

d——球直径，mm；

D——相互垂直方向测得的压痕直径 d_1 和 d_2 的平均值，mm。

2）洛氏硬度

洛氏硬度主要用于金属材料热处理后的产品检验。洛氏硬度实验是将金刚石圆锥体压头（或钢球或硬质合金球）分初实验力和主实验力两个步骤压入试件表面，经规定保持时间后卸除主实验力，测量在初实验力下的残余压痕深度 h，根据 h 值计算洛氏硬度（HR）。

3）里氏硬度

里氏硬度检测法是最新应用的一种硬度检测方法。其特点为操作简单，测试范围广，特别适用于大型工件。用规定质量的冲击体在弹力作用下以一定速度冲击试样表面，用冲头在距试样表面 1 mm 处的回弹速度与冲击速度的比值计算硬度值。其计算公式为

$$HL = 1000 \times \frac{v_R}{v_A} \tag{7.3}$$

式中，HL——里氏硬度；

v_R ——冲击体回弹速度，m/s；

v_A ——冲击体冲击速度，m/s。

里氏硬度值的表示方法：里氏硬度用 HL 来表示，但用不同的冲击装置测得的里氏硬度其表示方法不同。HLD、HLDC、HLG、HLC 分别表示用 D 型、DC 型、G 型和 C 型冲击装置测得的里氏硬度值。

4）维氏硬度

维氏硬度的实验原理与布氏硬度相同，也是根据压痕单位面积所承受的实验力来表示维氏硬度值。所不同的是维氏硬度用的压头不是球体，而是两面夹角 $\alpha = 136°$ 的金刚石四棱锥体。压头在实验力 F 下压入试样表面，保持载荷 10 s 之后卸载实验力，用读数显

微镜测出压痕对角线平均长度用于计算压痕的表面积。维氏硬度值（HV）等于实验力除以压痕表面积。其计算公式为

$$\text{HV=常数} \times \frac{\text{实验力}}{\text{压痕表面积}} = \frac{0.204F\sin\left(\dfrac{136^{\circ}}{2}\right)}{D^2} = 0.1891 \times \frac{F}{D^2} \qquad (7.4)$$

式中，HV——维氏硬度；

　　　F——实验力，N；

　　　D——压痕对角线长度 d_1 和 d_2 的算术平均值，mm。

5）显微硬度

硬度实验中加载力>9.8 N 所测得的硬度叫宏观硬度，加载力<9.8 N 时测得的硬度叫显微硬度。显微硬度的符号、硬度值的计算公式和表示方法与维氏硬度实验法完全相同。

三、实验设备及材料

实验设备及材料包括：

（1）Akashi-H21 显微硬度仪、电吹风。

（2）酒精、丙酮等。

Akashi-H21 显微硬度仪主要由主机、加载系统、测量系统、样品台和计算机等部分组成。

四、实验内容及步骤

用 Akashi-H21 显微硬度仪检测材料显微硬度。

1. 实验方法和步骤

（1）依次打开硬度计、计算机电源，在屏幕上双击 MTS-SDK 启动测控软件，此时会出现如图 7.1 所示的操作界面。

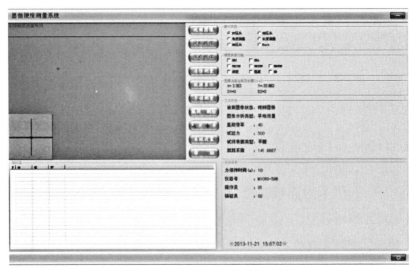

图 7.1　显微硬度计测量系统

（2）用酒精或丙酮清洁试件表面，吹干，将试件置于样品台上。单击"系统设置"按钮，此时屏幕上出现如图 7.2 所示的操作界面，设置实验参数，然后单击"保存数据"并退出。

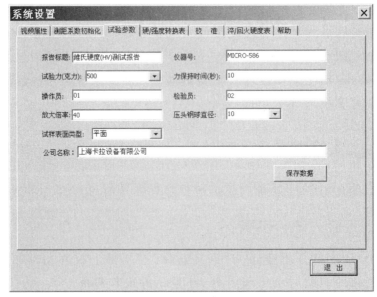

图 7.2　实验参数设置

（3）用样品台调节旋钮慢慢升起样品台的同时，注意观察屏幕，直到图像清晰。然后用样品台上的 X、Y 方向调节旋钮移动样品台，选择所需的测量位置。

（4）将物镜/压头转换器转换到压头位置，然后单击主机上的"启动"按钮，此时压头开始向下移动压入试件表面，保载 10 s 后压头返回到初始位置后，系统会发出提示音。

（5）确认压头返回到初始位置，将物镜/压头转换器转换到所选的物镜下，此时屏幕上可观察的清晰的压痕，单击"手动测量"按钮，检测压痕的两条对角线长度，计算机会自动计算出维氏硬度值。

（6）为了更客观地评价材料的表面硬度，一般应选择 3 个不同区域进行测量，因此重复操作步骤（3）~（6）完成整个样品的检测。

（7）测试完毕首先下降样品台，取下试样，以免损坏物镜或压头，然后依次关闭硬度仪和计算机电源。

2. 实验注意事项

（1）实验所用的设备都是高精设备，操作时要严格遵守设备和仪器的操作规程，注意安全。

（2）实验完成后应整理好仪器设备，清洁实验环境。

五、实验报告

项目七　材料显微硬度检测报告

姓名 _____　　　　学号 _____

实验目的

实验设备与材料

实验步骤

实验结果

（1）实验数据由计算机自动处理完成，说明实验所用的仪器名称、环境温度和湿度，以及采用的检测方法或标准。

（2）记录实验原始记录与计算后的实验数据，同时附上被测表面轮廓的截图图像。

思 考 题

（1）试述布氏硬度和洛氏硬度的实验原理、优缺点及适用范围。

（2）说明实验方法、选择实验条件的原则及硬度值的表示方法。

（3）分析误差产生的原因。

【扩展学习】

（1）GB/T 231.1—2018《金属材料 布氏硬度试验 第1部分：试验方法》。

（2）GB/T 230.1—2018《金属材料 洛氏硬度试验 第1部分：试验方法》。

（3）GB/T 4340.1—2024《金属材料 维氏硬度试验 第1部分：试验方法》。

（4）GB/T 18449.1—2024《金属材料 努氏硬度试验 第1部分：试验方法》。

项目八　材料的微观力学性能检测

一、实验目的

　　微、纳米摩擦学是在原子、分子尺度下研究摩擦界面的行为、损伤及对策。纳米摩擦学在学科基础、研究方法和测试设备上都与宏观摩擦学研究有显著不同。因此本实验的主要目的就是学习如何使用 CSM 纳米压痕/划痕仪以及用来检测薄膜硬度、摩擦系数和耐磨性。

二、原理概述

　　在微、纳米摩擦学领域，着眼于原子、分子尺度对摩擦界面展开研究，旨在深入理解其行为、剖析可能产生的损伤并探寻有效的应对策略。与宏观摩擦学不同，纳米摩擦学在学科基础、研究方法以及测试设备等方面均呈现出显著的独特性。本实验聚焦于利用 CSM 纳米压痕/划痕仪来检测薄膜的相关特性，其背后蕴含着特定的原理。对于薄膜硬度的检测，基于纳米压痕技术原理，当 CSM 纳米压痕仪的压头以极小的力压入薄膜表面时，会在薄膜上形成一个压痕。通过精确测量压头施加的载荷以及压入薄膜所产生的压痕深度等参数，依据相关的力学模型（如 Oliver-Pharr 模型等），便可计算得出薄膜的硬度值。该模型考虑了压头与薄膜材料在纳米尺度下的接触力学行为，通过对加载和卸载过程中力与位移曲线的分析，准确提取出硬度相关信息。在测量摩擦系数方面，CSM 纳米划痕仪发挥作用。当仪器的探针在薄膜表面进行划痕操作时，探针与薄膜表面之间会产生相对滑动摩擦。通过精确监测划痕过程中施加在探针上的水平方向的摩擦力以及垂直方向的法向力，根据摩擦系数的定义（即摩擦力与法向力的比值），就能够实时获取薄膜在纳米尺度下的摩擦系数。这种测量方式能够捕捉到微观层面薄膜与探针之间摩擦行为的细节，反映出原子、分子尺度下的相互作用对摩擦特性的影响。至于耐磨性的检测，同样借助纳米划痕仪进行多次划痕操作或者采用特定的磨损模拟模式，在持续的划痕或模拟磨损过程中，观察薄膜表面的损伤情况，如划痕的宽度、深度变化，是否有材料剥落等现象。通过分析这些磨损特征随时间、划痕次数等因素的变化规律，结合薄膜硬度、摩擦系数等已测参数，综合评估薄膜在纳米尺度下抵抗磨损的能力，即耐磨性。

综上所述，本实验利用 CSM 纳米压痕/划痕仪，依据上述各项原理，实现对薄膜硬度、摩擦系数和耐磨性的精准检测，从而为微、纳米摩擦学相关研究提供重要的基础数据和深入理解微观摩擦界面行为的依据。

三、实验设备及材料

实验设备及材料包括：

（1）CSM 纳米压痕/划痕仪（见图 8.1）。

（2）清洁剂：丙酮、无水乙醇。

CSM 纳米压痕/划痕仪主要由浮动工作台、纳米划痕仪、纳米压痕仪、显微镜、计算机测控系统等部分组成。纳米划痕仪可在多种实验方式下检测膜厚<500 nm 的有机和无机的涂层的结合强度。纳米压痕仪可在多种加载方式下检测渗透深度在纳米尺度下的机械性能，如纳米硬度和弹性模量，尤其适合于分析有机和无机的涂层，比如 PVD、CVD、PECVD、光阻材料、油漆层以及其他各种类型的薄膜、涂层和复合涂层。

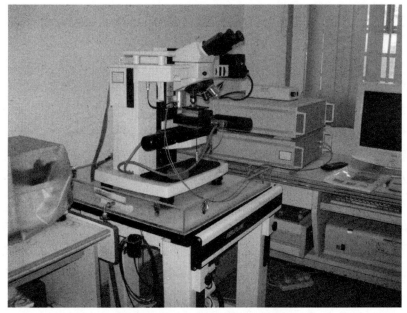

图 8.1 CSM 纳米压痕/划痕仪

四、实验内容及步骤

1. 实验内容

（1）了解 CSM 纳米压痕/划痕仪的基本结构，掌握该设备的使用方法。

（2）使用纳米压痕仪检测 DLC 膜的硬度、弹性模量。

2. 实验步骤

（1）准备试样，要求试样的上下两个平面平整、相互平行。为了降低样品表面粗糙度对实验结果的影响，样品需要仔细抛光。制备好的样品是获得可靠纳米压入、纳米划痕测试的关键环节之一，需要认真对待。样品表面要清洁。

（2）按照顺序打开计算机电源、纳米压痕（或划痕仪）电源。启动桌面上的 Indentation 测控软件，使整个系统预热 30 min。根据实验要求，检查实验设备、控制软件等是否工作正常。

（3）预热完成后，进行系统硬件的初始化，对系统位置进行标定。然后把制备好的样品放在位于测量头下的样品台上，通过样品台高度调节旋钮调节样品台：样品台移动到显微镜的下方，在显微镜下选择需要检测的位置后，移动样品台至测量头下方。

特别提示：当在显微镜和测量头之间移动样品台时，要确定在样品的高度低于测量头和物镜的高度时才能进行，以防样品与测量头发生碰撞损坏测量头或物镜。

（4）启动实验控制程序，根据实验需要设置相应的控制参数（如载荷大小、加载方式、加载速度、压入深度等参数值），根据程序提示进行实验。在实验进行过程中，测试系统自动对相关数据进行采集，并且屏幕上实时显示实验进程，如有异常情况发生，可单击"Stop"停止实验。

（5）实验完成后，会得到如图8.2所示的实验结果。

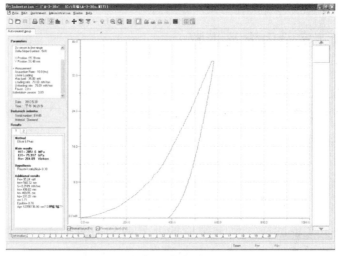

图 8.2　纳米压痕实验结果

（6）将试样从工作台上取下，及时保存实验数据，退出测控程序，按顺序关闭纳米压痕（或划痕仪）电源、计算机电源，清理实验台及周围环境，实验结束。

3．实验注意事项

（1）鉴于实验设备均为高精度仪器，故在操作设备时必须严格遵循操作规范，保障安全。

（2）实验完成后应整理好仪器设备，清洁实验环境。

五、实验报告

项目八　材料的微观力学性能检测报告

姓名 _____　　　　　学号 _____

实验目的
实验设备与材料
实验步骤

实验结果
采用相关的数据处理软件对所测数据进行处理和分析，按时提交实验结果和 4 000 字以上的实验研究报告（可另附页），内容包括国内外纳米摩擦学的发展和研究现状，以及微磨损的实验研究方法。

思考题
（1）纳米压痕试验中，薄膜硬度与基体硬度差异较大时，如何避免基体效应对测试结果的影响？   （2）划痕试验中摩擦系数的突变点（如临界载荷）如何反映材料的抗划伤能力？请结合微观力学原理进行思考。

项目九　磨损量检测

一、实验目的

磨损量是对摩擦学系统性能的主要评价参数，其测量方法较多，有称重法、测量磨斑直径法、磨损深度测量等。本实验的目的就是学习和掌握磨损量的检测方法。

二、原理概述

1. 用称重法测量磨损量

称重法是使用最广泛的磨损量测量方法，其精度主要取决于所用称重计量仪器的精度。此方法极易受到其他因素的影响，如空气湿度、温度等，所以用称重时应该在恒温、恒湿的环境里进行，并且称重前对试件的处理方法也应该不相同，这样才能保证测量数据的准确性（该方法对微量磨损不适用）。磨损量的计算公式为：磨损量=实验前的质量−实验后的质量

2. 用测量磨斑直径的方法测量磨损量

测量磨斑直径的方法可以采用是测微显微镜、激光共焦显微镜或轮廓仪等使用设备。检测方法是测量磨斑相互垂直的两个直径的平均值。该方法主要用于球与平面或球与球（如四球机）之间的回转或直线运动的磨斑测量，通过比较平均磨斑直径的大小来判断磨损量。

3. 用测量磨痕的方法测量磨损量

测量磨痕的方法可以采用激光共焦显微镜或表面轮廓仪等设备。检测方法是测量磨痕中心部位的磨痕深度，以磨痕的深度高低来评价磨损量。此方法特别适合于微量磨损的检测。

三、实验设备及材料

实验设备及材料包括：

（1）分析天平、激光共焦显微镜、测微显微镜、轮廓仪。

（2）清洁剂：酒精无水乙醇、丙酮等。

四、实验内容及步骤

1. 用称重法测量磨损量

称重法测量磨损量是通过在磨损实验前后分别对摩擦副进行高精度称重，进而计算出其质量差来确定磨损量的一种方法。具体而言，先对磨损前的摩擦副准确称重并记录数据，然后在摩擦副经历特定的磨损过程后，再进行称重，两次称重结果相减所得的差值即为磨损量。

2. 用测量磨斑直径的方法测量磨损量

用测量磨斑直径的方法测量磨损量，是先让两摩擦副在一定条件下进行摩擦，摩擦结束后，观察摩擦表面形成的磨斑，然后使用专门的测量工具（如比较仪等）精确测出磨斑的直径大小。磨斑直径越大，通常意味着磨损量也越大。因此磨斑直径的增加直接反映了摩擦过程中材料流失所导致的表面尺寸变化，可通过尺寸变化来定量评估磨损的程度。

3. 用测量磨痕深度的方法测量磨损量

（1）首先用轮廓测量法得到磨斑中心的二维轮廓曲线，如图9.1所示。

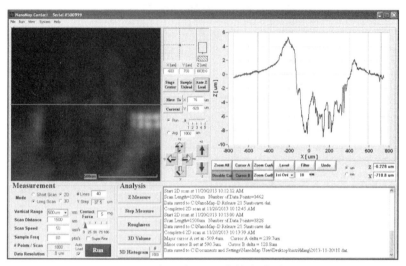

图 9.1　磨斑中心二维轮廓曲线图

（2）保存检测数据，然后用检测系统的专用软件对轮廓曲线进行调平处理，便于测量磨痕深度。

（3）使用 OLS1100 激光共焦显微镜完成图像扫描后，获得磨斑的三维图，选择图像显示格式为"高度显示"，如图9.2所示。

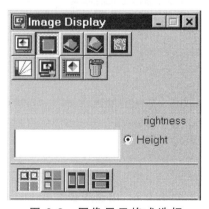

图 9.2　图像显示格式选择

（4）在工具条上选择"图像处理"按钮，此时出现如图 9.3 所示的图像处理方式选择窗口。首先选择"图像降噪"，然后选择图像"调平"处理。

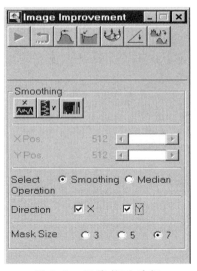

图 9.3　图像修改选择

（5）完成图像的降噪和调平处理后，在工具条上选择"图形测量"按钮，此时出现如图 9.4 所示测量选择窗口，选择"深度测量"，然后在磨斑的中心位置测量磨痕深度。

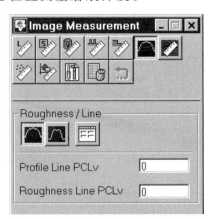

图 9.4　图像测量选择

4. 实验注意事项

（1）鉴于实验设备精密性极高，因此在操作过程必须遵循相应设备和仪器的操作规定，将安全放在首位。

（2）实验完成后应整理好仪器设备，清洁实验环境。

五、实验报告

项目九　磨损量检测报告

姓名 _____　　　　　　学号 _____

实验目的
实验设备与材料
实验步骤

实验结果
说明磨损量的检测方法和所用的仪器设备，并注明环境温度和湿度。如果是用测量磨痕深度的方法测量磨损量，附上磨痕深度曲线拷屏图。
思考题
（1）称重法与磨斑直径法在测量磨损量时各有何适用场景？试比较两种方法的精度与操作难度。
（2）磨痕深度测量中，若发现磨损量数据分散性较大，可能由哪些因素导致？应如何改进实验设计？

项目十　润滑剂抗磨和承载能力检测

一、实验目的

（1）了解润滑添加剂并理解其重要性。

（2）探究极压添加剂的减磨抗磨效果。

（3）掌握四球法评定润滑剂承载能力。

二、原理概述

润滑剂抗磨和承载能力检测实验是通过模拟极高点接触压力下的滑动摩擦条件，来评定润滑剂在规定条件下的承载能力。实验装置中，一个顶球在施加负荷的条件下，对油盒内三个浸没在润滑剂试样中的静止球进行旋转，从而获得顶球与静止球之间以及静止球相互之间的滑动摩擦。

实验过程中，按照 GB/T 12583—1998《润滑剂极压性能测定法（四球法）》所规定的负荷等级，逐级加载至润滑剂发生烧结为止。在这个过程中，会记录几个关键的指标：

（1）最大无卡咬负荷 P_B。它是指润滑剂在实验中能够承受的最大负荷，且在此负荷下，顶球与静止球之间不会发生卡咬现象。卡咬现象通常指的是因摩擦副之间的黏附力过大，旋转受阻。

（2）烧结负荷 P_D。它是指润滑剂在实验中发生烧结的负荷。烧结是指润滑剂在高温、高压下发生热分解、聚合、碳化等物理、化学变化，导致摩擦副之间形成一层坚硬的固体膜，使摩擦副的运动受阻。

（3）综合磨损值 ZMZ。它是一个综合反映润滑剂在实验中磨损程度的指标，通常与润滑剂的抗磨性能、极压性能以及摩擦副的材料性质等因素有关。

通过测量这些指标，可以评估润滑剂在极高点接触压力下的承载能力，包括其抗磨性能、极压性能以及防止卡咬和烧结的能力。

三、实验设备及材料

实验设备及材料包括：

（1）MRS-10A 四球摩擦磨损试验机、测微显微镜。

（2）四球机专用钢球、石油醚 60～90C、溶剂油。

MRS-10A 四球摩擦磨损试验机主要由主轴驱动系统、油盒与加热器、实验力传感器、摩擦力测定系统、液压加载系统、微机控制系统等部分组成。该试验机汇集了计算机控制技术、模块化数据采集通信技术和网络技术等，可通过计算机对整个实验进行全过程控制，是新一代微机控制试验机。其系统软件可对实验过程实时监控，并记录相关的实验参数及曲线。该试验机不仅可以评定润滑油或脂在规定条件下的承载能力实验，还可以做润滑剂的长时抗磨损实验，测定摩擦系数，记录摩擦力和温度曲线。如使用特殊摩擦附件，也可以进行滚动摩擦实验、各种材料间的模拟磨损实验、端面磨损实验以及钢球滚动疲劳实验等。MRS-10A 四球摩擦磨损试验机操作面板如图 10.1 所示。

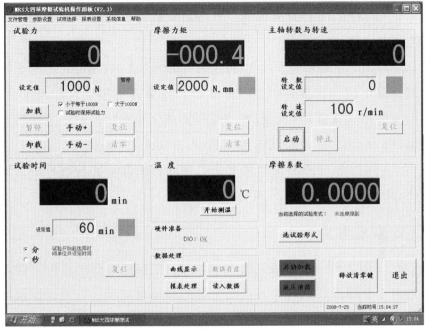

图 10.1 测试系统操作面板

四、实验内容及步骤

1. 实验内容

（1）了解四球机的基本构造。

（2）了解使用四球机评定润滑剂抗磨损性能的实验方法。

（3）采用 GB/T 12583—1998《润滑剂极压性能测定法（四球法）》，测定 CK220 工业齿轮油的最大无卡咬负荷 P_B，计算负荷-磨损指数 LWI 和校正负荷 P_J。

2. 实验准备

（1）插上 380 V、50 Hz 三相交流电源，打开机身侧面的空气开关，接通整机电源。先启动计算机，再开启主机电源。在计算机桌面上找到 MRS-10A 测试系统，双击启动软件，观看各实验参数显示装置是否正常，预热 20 min。

（2）设定主轴转速。主轴转速可在 200～2 000 r/min 之间无级调速，设定转速前需先设定摩擦副形式，单击"选实验形式"键，弹出实验形式选择窗口，选择"极压形式"并确定。设定主轴转速为 1 760 r/min，然后启动电机空转 2～3 min。

（3）用溶剂汽油清洗弹簧夹头、钢球、油盒等实验过程中与试样接触的零部件，再用石油醚洗两次，然后吹干备用。

3. 实验方法

如图 10.2 所示，四球机的 1 个顶球，在施加负荷的条件下对着油盒内 3 个浸没在试样（润滑剂）里的静止球旋转，以滑动摩擦的形式，在极高的点接触压力条件下评定润滑剂在规定条件下的承载能力，包括最大无卡咬负荷 P_B、烧结负荷 P_D、负荷-磨损指数 LWI 三项指标。

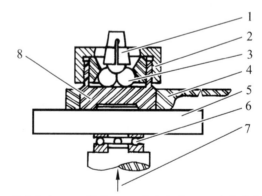

1—顶球夹头；2—螺母；3—试验钢球；4—摩擦力杆；
5—隔板；6—止推轴承；7—负荷；8—油盒。

图 10.2　四球机油盒装置示意

根据 GB/T 12583—1998《润滑剂极压性能测定法（四球法）》，

按照表 10.1 所给出的负荷等级逐级加载，做一系列的 10 s 实验直至发生烧结。

表 10.1　极压实验加载负荷级别

负荷级别	负荷 L/N（kgf）	负荷级别	负荷 L/N（kgf）	负荷级别	负荷 L/N（kgf）
1	59（6）	8	314（32）	15	1 569（160）
2	78（8）	9	392（40）	16	1 961（200）
3	98（10）	10	490（50）	17	2 452（250）
4	127（13）	11	618（63）	18	3 089（315）
5	157（16）	12	784（80）	19	3 922（400）
6	196（20）	13	981（100）	20	4 903（500）
7	235（24）	14	1 236（126）	21	6 080（620）

4. 实验步骤

（1）将清洁、安装好的油盒放于力矩轮上，装上夹头，选定实验力级别，设定实验力，然后单击图 10.3 所示界面右下角"启动加载"键，力矩轮开始上升。在试样上升过程中，单击窗口右下角"释放清零键"，实验力"清零键"将弹起；单击"清零键"，则实验力归零。当试样接触时，再单击实验力"加载"键，实验力自动加载到设定值，然后勾选"实验时保持实验力"。

（2）将力矩轮的弹性拉片用螺栓固定在摩擦力传感器接头上，将摩擦力矩预置为一合适的值。

107

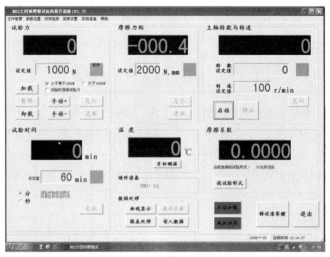

图 10.3　MRS-10A 测试系统

（3）选择"极压"实验形式，将时间预置为 10 s。

（4）对摩擦力进行清零。按下主轴转数与转速框中的"启动"键。实验开始，当时间达到设点定值时，主轴自动停转，时间窗口右侧状态指示窗口变成红色；单击其下方"复位"键，弹出数据保存提示，保存原始数据。注意：清零操作一定要在试样上升过程中实验力显示稳定时进行，否则会造成实验力误差偏大。

（5）将力矩轮弹性拉片从摩擦力传感器接头上脱开，按实验力框中的"卸载"键，当卸载到 50 N 时将自动停止；按下控制面板右下方的"液压卸荷"按钮（此操作前必须检查力矩轮弹性拉片是否从摩擦力传感器接头上脱离），让油盒活塞降到底，进行磨斑测量后可做下次实验。

（6）重复步骤（1）～（5），直到实验完成。

（7）取出试样后，单击主页面上的"退出"按钮，退出测控系统。按下面板上的主机开关按钮，关闭计算机，关闭整机电源。

特别提示：

（1）每次实验完毕后，务必要卸载实验力，否则下次实验时会对试样造成冲击。

（2）退出测控系统时，不要点击软件右上角的"×"按钮，否则，部分控制硬件可能不能关闭。

（3）不做加温实验时，切勿将加热炉插头插入加热插座内。

（4）做极压实验时，如确认已烧结，需立即停止主轴电机。

（5）每次使用设备完毕后，要清理台面，罩上机衣，以免受潮及粉尘污染。

五、实验报告

项目十 润滑剂抗磨和承载能力检测报告

姓名 _____　　　　　　学号 _____

实验目的

实验设备与材料

实验步骤

实验结果

（1）实验完成后，根据实验结果测定并报告最大无卡咬负荷 P_B，参见表 10.2 获取，并计算负荷-磨损指数 LWI 和校正负荷 P_J。

表 10.2　判断 P_B 点的 $P \sim D_b$（1+5%）数值表

$P/N(kgf)$	98(10)	108(11)	118(12)	127(13)	137(14)	157(16)	177(18)
D_b(1+5%)/mm	0.22	0.23	0.23	0.24	0.25	0.26	0.27
$P/N(kgf)$	196(20)	216(22)	235(24)	255(26)	275(28)	294(30)	314(32)
D_b(1+5%)/mm	0.28	0.29	0.3	0.3	0.31	0.32	0.33
$P/N(kgf)$	333(34)	353(36)	373(38)	392(40)	412(42)	431(44)	461(47)
D_b(1+5%)/mm	0.33	0.34	0.35	0.35	0.36	0.36	0.37
$P/N(kgf)$	490(50)	510(52)	530(54)	559(57)	588(60)	618(63)	637(65)
D_b(1+5%)/mm	0.38	0.39	0.39	0.4	0a40	0.41	0.42
$P/N(kgf)$	667(68)	696(71)	726(74)	755(77)	784(80)	834(85)	883(90)
D_b(1+5%)/mm	0.42	0.43	0.44	0.44	0.45	0.46	0.47
$P/N(kgf)$	932(95)	981(100)	1 020(104)	1 069(109)	1 118(114)	1 167(119)	1 236(126)
D_b(1+5%)/mm	0.47	0.48	0.49	0.5	0.5	0.51	0.52
$P/N(kgf)$	1 294(132)	1 363(139)	1 432(146)	1 500(153)	1 569(160)	1 667(170)	1 765(180)
D_b(1+5%)/mm	0.53	0.54	0.55	0.56	0.57	0.58	0.59
$P/N(kgf)$	1 863(190)	1 961(200)					
D_b(1+5%)/mm	0.6	0.61					

（2）在实验方案设计及数据分析处理等环节需融入创新思维，以提升综合实践与科研能力。

思考题

如果想利用该试验机进行滚动摩擦实验，你将如何改进该试验机的夹具？

【扩展学习】

（1）GB/T 12583—1998《润滑剂极压性能测定法（四球法）》。
（2）NB/SH/T 0189—2017《润滑油抗磨损性能的测定　四球法》。

参考文献

[1] 魏驰翔. 单晶锆摩擦行为的分子动力学模拟[D]. 成都：西南交通大学，2019.

[2] 朱科浩. 纳米晶体锆摩擦行为的分子动力学模拟[D]. 成都：西南交通大学，2020.

[3] 龙东旭. 多晶锆粗糙表面摩擦行为的分子动力学模拟[D]. 成都：西南交通大学，2022.

[4] 杨毅荣. 纯水环境下多晶锆粗糙表面摩擦行为的分子动力学模拟[D]. 成都：西南交通大学，2022.

[5] 向友文，张晓宇，王政慧，等. 粗糙氧化锆涂层对多晶锆表面摩擦性能的影响[J]. 摩擦学学报（中英文），2025，45（03）：421-430.